Idroponica per Tutti: Coltiva Piante Senza Suolo in Casa e Ottieni Raccolti Straordinari

La Guida Definitiva per Principianti: Dalle Basi ai Sistemi Avanzati

- INTRODUZIONE
- CAPITOLO PRIMO
- CAPITOLO SECONDO
- CAPITOLO TERZO
- CAPITOLO QUARTO
- CAPITOLO QUINTO
- CAPITOLO SESTO
- CAPITOLO SETTIMO
- CAPITOLO OTTAVO
- CAPITOLO NONO
- CAPITOLO DECIMO
- CONCLUSIONE

Indice:

1. **Introduzione all'Idroponica**
   - Cos'è l'idroponica?
   - Vantaggi della coltivazione idroponica
   - Storia dell'idroponica

2. **I Principi della Coltivazione Idroponica**
   - Come funziona l'idroponica
   - Le sei tecniche principali di idroponica
     - Nutrient Film Technique (NFT)
     - Deep Water Culture (DWC)
     - Aeroponica
     - Ebb and Flow
     - Wick System
     - Drip System

3. **Attrezzatura Necessaria**
   - Serbatoi e contenitori
   - Pompe e sistemi di irrigazione
   - Luci di coltivazione
   - Supporti di crescita (substrati)

4. **Preparazione delle Soluzioni Nutritive**
   - Nutrienti essenziali per le piante
   - Preparazione e miscelazione delle soluzioni nutritive
   - Regolazione del pH e della conducibilità elettrica (EC)

5. **Scelta delle Piante per l'Idroponica**

    o   Piante più adatte all'idroponica
    o   Coltivazione di ortaggi
    o   Coltivazione di erbe aromatiche
    o   Coltivazione di piante da frutto

6. **Avvio del Sistema Idroponico**

    o   Progettazione del sistema
    o   Installazione e avvio
    o   Controllo e monitoraggio iniziale

7. **Manutenzione del Sistema Idroponico**

    o   Monitoraggio delle piante
    o   Controllo dei nutrienti e del pH
    o   Manutenzione delle attrezzature

8. **Problemi Comuni e Come Risolverli**

    o   Problemi di nutrienti
    o   Problemi di pH
    o   Problemi legati all'acqua e all'ossigeno
    o   Parassiti e malattie

9. **Sistemi Idroponici Avanzati**

    o   Sistemi verticali
    o   Idroponica automatizzata
    o   Sistemi ibridi e acquaponica

10. **Espansione e Sviluppo**

- Espansione del tuo giardino idroponico
- Innovazioni e tecnologie future
- Consigli per una produzione commerciale

INTRODUZIONE

Benvenuti in "Idroponica per Tutti: Coltiva Piante Senza Suolo in Casa e Ottieni Raccolti Straordinari". Questo libro è pensato per chiunque desideri avventurarsi nel mondo affascinante dell'idroponica, un metodo rivoluzionario di coltivazione che sta trasformando il modo in cui produciamo il nostro cibo. Che tu sia un principiante assoluto o un appassionato di giardinaggio con esperienza, questa guida ti offrirà tutte le informazioni e gli strumenti necessari per iniziare e prosperare nel mondo dell'idroponica.

L'idroponica, termine derivato dal greco che significa "lavoro con l'acqua", è un metodo di coltivazione delle piante senza l'uso del suolo, utilizzando soluzioni nutritive minerali in un ambiente acquoso. Questa tecnica, che può sembrare futuristica, ha in realtà radici antiche: civiltà come quella babilonese e azteca utilizzavano tecniche simili nei loro giardini sospesi. Oggi, grazie ai progressi tecnologici, l'idroponica è accessibile a chiunque e offre una soluzione sostenibile per la produzione di cibo, specialmente in ambienti urbani e spazi limitati.

In questo libro, esploreremo i principi fondamentali dell'idroponica, i diversi sistemi idroponici disponibili, e le tecniche per preparare soluzioni nutritive efficaci. Imparerai come scegliere le piante più adatte per il tuo sistema idroponico e come avviare e mantenere un ambiente di coltivazione sano e produttivo. Inoltre, affronteremo i problemi comuni che potresti incontrare e ti forniremo soluzioni pratiche per risolverli.

Una delle principali attrattive dell'idroponica è la possibilità di coltivare una vasta gamma di piante in modo efficiente e controllato. Dalle verdure a foglia verde alle erbe aromatiche, dalle piante da frutto ai fiori ornamentali, l'idroponica offre un modo versatile e scalabile per soddisfare le tue esigenze di coltivazione. Inoltre, questo metodo riduce il consumo di acqua fino al 90% rispetto alla coltivazione tradizionale in terra, rendendolo una scelta ecologica e sostenibile.

Il nostro viaggio nell'idroponica inizierà con una panoramica delle basi e dei benefici di questa tecnica. Successivamente, esploreremo in dettaglio i vari componenti e attrezzature necessarie per costruire il tuo sistema idroponico. Non importa se hai a disposizione un piccolo balcone o un'intera stanza dedicata, ti mostreremo come adattare il tuo spazio per ottenere i migliori risultati.

Infine, questo libro non è solo una guida tecnica, ma anche una fonte di ispirazione. Le storie di successo e i consigli pratici di esperti del settore ti motivano a sperimentare e innovare. L'idroponica è una scienza, ma è anche un'arte: la cura e la passione che metterai nel tuo giardino idroponico si rifletteranno nei raccolti straordinari che otterrai.

Preparati a immergerti nel mondo dell'idroponica e a scoprire un nuovo modo di coltivare piante sane e vigorose. Che tu voglia migliorare la tua alimentazione, contribuire alla sostenibilità ambientale o semplicemente goderti un nuovo hobby gratificante, questo libro è il punto di partenza ideale. Benvenuti nell'avventura dell'idroponica!

Concludendo, questa guida ti accompagnerà passo dopo passo nel tuo percorso di scoperta e successo nell'idroponica. Non importa da dove parti, con le giuste conoscenze e attrezzature, presto ti troverai a coltivare piante rigogliose e a godere dei frutti del tuo lavoro. Buona lettura e buon giardinaggio idroponico!

CAPITOLO PRIMO

Introduzione all'Idroponica

Benvenuti al primo capitolo di "Idroponica per Tutti: Coltiva Piante Senza Suolo in Casa e Ottieni Raccolti Straordinari". In questo capitolo, esploreremo le basi dell'idroponica, un metodo di coltivazione che utilizza soluzioni nutritive acquose anziché il suolo tradizionale. Questo approccio innovativo alla coltivazione delle piante sta guadagnando popolarità grazie ai suoi numerosi vantaggi, tra cui la maggiore efficienza, la sostenibilità e la possibilità di coltivare piante in spazi limitati come appartamenti e balconi.

Cosa è l'Idroponica?

L'idroponica è un metodo di coltivazione delle piante che utilizza soluzioni nutritive disciolte in acqua, senza il supporto del suolo. Le radici delle piante sono immerse direttamente nella soluzione nutritiva o supportate da un mezzo inerte come argilla espansa, perlite o fibra di cocco, che serve a mantenere le radici umide e aerate. Questo approccio offre un controllo preciso sui nutrienti che le piante ricevono, permettendo una crescita più rapida e raccolti più abbondanti rispetto ai metodi tradizionali.

Esistono diversi sistemi idroponici, ognuno con le proprie caratteristiche e vantaggi. I più comuni includono il Nutrient Film Technique (NFT), il Deep Water Culture (DWC), l'aeroponica, il sistema a stoppino (Wick System), il sistema a goccia (Drip System) e il sistema ebb and flow. Ogni sistema ha applicazioni specifiche e può essere scelto in base alle esigenze del coltivatore e al tipo di piante che si desidera coltivare.

Il Nutrient Film Technique (NFT) prevede l'uso di un flusso sottile di soluzione nutritiva che scorre costantemente sulle radici delle piante, permettendo loro di assorbire i nutrienti e l'ossigeno necessari. Questo sistema è particolarmente adatto per colture leggere come lattuga e erbe aromatiche.

Il Deep Water Culture (DWC) è un sistema in cui le radici delle piante sono immerse in una soluzione nutritiva ossigenata, fornita da un aeratore. Questo metodo è molto efficace per la coltivazione di piante a crescita rapida come le verdure a foglia verde.

L'aeroponica è un sistema avanzato in cui le radici delle piante sono sospese nell'aria e spruzzate regolarmente con una soluzione nutritiva nebulizzata. Questo metodo offre un'eccellente aerazione delle radici e un rapido assorbimento dei nutrienti, risultando in una crescita molto veloce delle piante.

Il sistema a stoppino (Wick System) utilizza un materiale poroso, come un pezzo di stoffa, per trasportare la soluzione nutritiva dal serbatoio alle radici delle piante. Questo metodo è semplice e non richiede pompe o elettricità, rendendolo adatto per piccoli giardini idroponici domestici.

Il sistema a goccia (Drip System) fornisce lentamente la soluzione nutritiva alle radici delle piante tramite gocciolatori. Questo metodo è molto flessibile e può essere utilizzato per una vasta gamma di piante.

Il sistema ebb and flow, noto anche come sistema a flusso e riflusso, allaga periodicamente il mezzo di coltivazione con la soluzione nutritiva e poi la drena, permettendo alle radici di assorbire i nutrienti e l'ossigeno.

L'idroponica offre numerosi vantaggi rispetto alla coltivazione tradizionale. Uno dei principali benefici è l'uso efficiente delle risorse idriche. Poiché le piante ricevono direttamente l'acqua e i nutrienti di cui hanno bisogno, l'idroponica può ridurre il consumo di acqua fino al 90% rispetto all'agricoltura convenzionale. Questo rende l'idroponica particolarmente adatta per le aree con scarsità d'acqua o per chi desidera ridurre il proprio impatto ambientale.

Un altro vantaggio significativo è la possibilità di coltivare piante in spazi limitati e non convenzionali. L'idroponica può essere praticata in interni, su balconi, terrazze e anche in ambienti urbani densamente popolati. Questo permette di avere accesso a cibo fresco e nutriente tutto l'anno, indipendentemente dalle condizioni climatiche esterne.

Inoltre, l'idroponica elimina molti dei problemi comuni legati al suolo, come le malattie delle piante, i parassiti e le erbe infestanti. Questo riduce la necessità di pesticidi e erbicidi, rendendo la coltivazione più sicura per l'ambiente e per la salute umana.

Vantaggi della Coltivazione Idroponica

L'idroponica offre numerosi vantaggi rispetto alla coltivazione tradizionale. Uno dei principali benefici è l'uso efficiente delle risorse idriche. Poiché le piante ricevono direttamente l'acqua e i nutrienti di cui hanno bisogno, l'idroponica può ridurre il consumo di acqua fino al 90% rispetto all'agricoltura convenzionale. Questo rende l'idroponica particolarmente adatta per le aree con scarsità d'acqua o per chi desidera ridurre il proprio impatto ambientale.

Un altro vantaggio significativo è la possibilità di coltivare piante in spazi limitati e non convenzionali. L'idroponica può essere praticata in interni, su balconi, terrazze e anche in ambienti urbani densamente popolati. Questo permette di avere accesso a cibo fresco e nutriente tutto l'anno, indipendentemente dalle condizioni climatiche esterne.

Inoltre, l'idroponica elimina molti dei problemi comuni legati al suolo, come le malattie delle piante, i parassiti e le erbe infestanti. Questo riduce la necessità di pesticidi e erbicidi, rendendo la coltivazione più sicura per l'ambiente e per la salute umana.

Inoltre, l'idroponica consente di controllare con precisione l'ambiente di coltivazione, inclusi i livelli di luce, temperatura e umidità. Questo controllo permette di ottimizzare le condizioni di crescita per ogni tipo di pianta, garantendo raccolti di alta qualità e quantità. In un sistema idroponico, le piante crescono più velocemente e producono più frutti rispetto alla coltivazione tradizionale, poiché non devono competere per i nutrienti nel suolo.

L'idroponica è anche una soluzione ideale per la coltivazione urbana. Con l'aumento della popolazione mondiale e l'urbanizzazione, lo spazio per l'agricoltura tradizionale è sempre più limitato. L'idroponica permette di coltivare piante in spazi ridotti, come tetti, balconi e persino all'interno di edifici. Questo non solo contribuisce a migliorare la sicurezza alimentare, ma riduce anche la distanza tra la produzione e il consumo, diminuendo l'impronta di carbonio associata al trasporto degli alimenti.

Inoltre, l'idroponica può essere combinata con altre tecnologie sostenibili, come l'energia solare e il riciclo dell'acqua, per creare sistemi di coltivazione completamente autosufficienti ed ecologici. Ad esempio, l'acquaponica è una forma di idroponica che combina la coltivazione delle piante con l'allevamento di pesci. I rifiuti dei pesci forniscono nutrienti per le piante, mentre le piante purificano l'acqua per i pesci, creando un ecosistema equilibrato e sostenibile.

Storia dell'Idroponica

L'idea di coltivare piante senza suolo non è nuova. Le prime tracce di tecniche simili all'idroponica risalgono agli antichi giardini pensili di Babilonia e ai giardini galleggianti degli Aztechi. Tuttavia, l'idroponica moderna ha iniziato a svilupparsi nel XX secolo, grazie agli studi di scienziati come William Frederick Gericke, che negli anni '30 dimostrò la possibilità di coltivare piante su larga scala utilizzando soluzioni nutritive acquose.

Gericke, professore all'Università di Berkeley in California, coniò il termine "idroponica" e dimostrò come le piante potessero crescere rigogliose in assenza di suolo, purché ricevessero i nutrienti necessari attraverso l'acqua. Il suo lavoro suscitò grande interesse e portò allo sviluppo di vari sistemi idroponici che sono ancora in uso oggi.

Negli anni successivi, la ricerca sull'idroponica continuò a evolversi, con scienziati e agricoltori che sperimentavano diverse tecniche e materiali per migliorare l'efficienza e la produttività dei sistemi idroponici. Durante la Seconda Guerra Mondiale, l'idroponica fu utilizzata per coltivare cibo fresco per le truppe americane stanziate su isole remote del Pacifico, dove il suolo fertile era scarso. Questa applicazione pratica dimostrò ulteriormente il valore dell'idroponica in situazioni dove la terra coltivabile non era disponibile.

Negli anni '60 e '70, la NASA iniziò a esplorare l'uso dell'idroponica per fornire cibo fresco agli astronauti nelle missioni spaziali a lungo termine. Questa ricerca contribuì a perfezionare ulteriormente le tecniche idroponiche e a dimostrare il loro potenziale in ambienti estremi. L'idea era che le piante coltivate idroponicamente potessero non solo fornire cibo, ma anche produrre ossigeno e aiutare a rimuovere l'anidride carbonica dall'aria, creando un ecosistema autosufficiente nello spazio.

Negli ultimi decenni, l'idroponica ha visto una crescita esponenziale, alimentata dalle innovazioni tecnologiche e dalla crescente domanda di metodi di coltivazione sostenibili ed efficienti. Le tecnologie avanzate, come i sistemi automatizzati di controllo dei nutrienti e le luci a LED specifiche per la crescita delle piante, hanno reso l'idroponica accessibile e praticabile per un pubblico più ampio, dai piccoli coltivatori domestici alle grandi operazioni commerciali.

Oggi, l'idroponica è utilizzata sia da hobbisti che da grandi aziende agricole, offrendo una soluzione pratica per la produzione di cibo in contesti urbani e rurali. In molte città del mondo, sono stati sviluppati progetti di agricoltura urbana idroponica che sfruttano spazi inutilizzati come tetti e edifici abbandonati per coltivare cibo fresco e sostenibile. Questi progetti non solo migliorano la sicurezza alimentare, ma contribuiscono anche a ridurre l'impronta di carbonio associata al trasporto di cibo.

L'idroponica continua a evolversi con nuove tecniche e innovazioni che promettono di renderla ancora più efficiente e sostenibile. Ad esempio, l'acquaponica, che combina l'idroponica con l'acquacoltura, sta guadagnando popolarità come metodo per creare sistemi di produzione alimentare completamente autosufficienti. In questi sistemi, i rifiuti dei pesci forniscono nutrienti per le piante, mentre le piante purificano l'acqua per i pesci, creando un ciclo chiuso e sostenibile.

In sintesi, l'idroponica ha una lunga storia di innovazione e adattamento, e il suo futuro appare promettente come soluzione per affrontare le sfide della sicurezza alimentare e della sostenibilità ambientale. Con le giuste conoscenze e tecniche, chiunque può sfruttare i benefici dell'idroponica per coltivare piante rigogliose e produttive, sia a casa che su scala commerciale.

L'idroponica rappresenta una frontiera affascinante e accessibile per chiunque desideri coltivare piante in modo efficiente e sostenibile. Questo metodo offre una serie di vantaggi significativi rispetto alla coltivazione tradizionale, dalla riduzione del consumo di acqua alla possibilità di coltivare piante in spazi limitati e non convenzionali. Con una comprensione approfondita dei principi dell'idroponica e dei vari sistemi disponibili, è possibile avviare e mantenere un giardino idroponico che produce raccolti abbondanti e di alta qualità. Nei prossimi capitoli, esploreremo le tecniche avanzate e le migliori pratiche per ottenere il massimo dal tuo sistema idroponico.

CAPITOLO SECONDO

I Principi della Coltivazione Idroponica

Benvenuti al secondo capitolo di "Idroponica per Tutti: Coltiva Piante Senza Suolo in Casa e Ottieni Raccolti Straordinari". In questo capitolo, esploreremo i principi fondamentali che governano la coltivazione idroponica. Comprendere questi principi è essenziale per chiunque voglia intraprendere questa affascinante avventura, poiché essi costituiscono la base su cui si costruiscono tutti i sistemi idroponici. Dalle dinamiche delle soluzioni nutritive all'importanza dell'ossigenazione delle radici, questo capitolo vi guiderà attraverso i concetti chiave che garantiscono il successo della vostra coltivazione idroponica.

Come Funziona l'Idroponica

L'idroponica è un metodo di coltivazione delle piante che non utilizza il suolo, ma una soluzione nutritiva ricca di minerali disciolti in acqua. Questo approccio innovativo consente di fornire alle piante tutti i nutrienti essenziali in modo diretto ed efficiente. La base del funzionamento dell'idroponica si trova nella capacità delle piante di assorbire i nutrienti attraverso le loro radici, una funzione naturale che viene ottimizzata in un sistema idroponico.

In un sistema idroponico, le radici delle piante sono sospese in una soluzione nutritiva o supportate da un mezzo inerte come la perlite, l'argilla espansa o la fibra di cocco. Questo mezzo serve a stabilizzare le radici e a fornire un ambiente ottimale per l'assorbimento dei nutrienti. La soluzione nutritiva deve essere costantemente monitorata e mantenuta per garantire che le piante ricevano la giusta quantità di nutrienti, acqua e ossigeno.

Uno degli aspetti più critici dell'idroponica è la gestione del pH della soluzione nutritiva. Il pH influisce sulla disponibilità dei nutrienti per le piante, quindi deve essere mantenuto entro un intervallo specifico, solitamente tra 5,5 e 6,5, a seconda del tipo di pianta. Oltre al pH, anche la conducibilità elettrica (EC) della soluzione deve essere monitorata per assicurarsi che la concentrazione di nutrienti sia ottimale.

L'idroponica offre numerosi vantaggi rispetto ai metodi tradizionali di coltivazione. Tra questi vantaggi vi sono un uso più efficiente delle risorse idriche, poiché l'acqua non viene dispersa nel terreno, e un controllo preciso dell'ambiente di crescita, che consente di ottimizzare le condizioni per la crescita delle piante. Inoltre, l'idroponica elimina molti dei problemi associati alla coltivazione nel suolo, come le malattie delle radici e le infestazioni di parassiti.

I sistemi idroponici possono essere scalabili, da piccole installazioni domestiche a grandi impianti commerciali. Questo rende l'idroponica una soluzione versatile per la produzione alimentare in diverse situazioni, comprese le aree urbane dove lo spazio per l'agricoltura tradizionale è limitato.

Un altro aspetto importante dell'idroponica è la necessità di un'adeguata ossigenazione delle radici. Le piante necessitano di ossigeno per respirare e per assorbire i nutrienti, quindi è fondamentale assicurarsi che le radici ricevano abbastanza ossigeno. Nei sistemi in cui le radici sono completamente immerse nella soluzione nutritiva, come il Deep Water Culture (DWC), vengono utilizzate pompe d'aria per mantenere i livelli di ossigeno disciolto.

In sintesi, l'idroponica funziona fornendo alle piante un ambiente controllato in cui possono ricevere direttamente tutti i nutrienti necessari per la crescita. Questo metodo di coltivazione offre numerosi vantaggi rispetto all'agricoltura tradizionale, tra cui un uso più efficiente delle risorse e un maggiore controllo sulle condizioni di crescita. Nei prossimi sottocapitoli, esploreremo le diverse tecniche di idroponica, ciascuna con i propri vantaggi e applicazioni specifiche.

Le Sei Tecniche Principali di Idroponica

L'idroponica offre una varietà di tecniche per coltivare le piante senza l'uso del suolo, ognuna con i propri vantaggi e applicazioni specifiche. Di seguito esploreremo in dettaglio le sei tecniche principali di idroponica, fornendo una panoramica di ciascun metodo, dei suoi benefici e delle piante più adatte.

Nutrient Film Technique (NFT)

La Nutrient Film Technique (NFT) è una delle tecniche idroponiche più popolari. In un sistema NFT, una sottile pellicola di soluzione nutritiva scorre costantemente attraverso canali o tubi in cui sono alloggiate le radici delle piante. Questo flusso continuo fornisce alle radici un apporto costante di nutrienti, acqua e ossigeno.

Vantaggi del NFT:
- Utilizzo efficiente delle risorse idriche e nutrienti, poiché la soluzione nutritiva viene ricircolata.
- Facilità di accesso delle radici all'ossigeno, riducendo il rischio di marciume radicale.
- Ideale per colture leggere come lattuga, erbe aromatiche e piante a foglia verde.

Svantaggi del NFT:
- Richiede una gestione attenta per mantenere il pH e i livelli di nutrienti ottimali.
- Suscettibile a interruzioni di energia elettrica, che possono interrompere il flusso di nutrienti.

Deep Water Culture (DWC)

Il Deep Water Culture (DWC) è un metodo in cui le radici delle piante sono immerse in una soluzione nutritiva ossigenata. In questo sistema, le radici pendono direttamente nell'acqua nutritiva, mentre un aeratore fornisce costantemente ossigeno alla soluzione.

Vantaggi del DWC:

- Semplicità di configurazione e manutenzione.

- Crescita rapida delle piante grazie all'accesso diretto ai nutrienti e all'ossigeno.
- Adatto per piante a crescita rapida come lattuga, spinaci e erbe aromatiche.

Svantaggi del DWC:

- La temperatura dell'acqua deve essere monitorata attentamente per evitare problemi di ossigenazione.
- Potenziale accumulo di alghe se l'acqua non viene cambiata regolarmente.

Aeroponica

L'aeroponica è una tecnica avanzata in cui le radici delle piante sono sospese nell'aria e spruzzate regolarmente con una soluzione nutritiva nebulizzata. Questo metodo offre un'eccellente aerazione delle radici e un rapido assorbimento dei nutrienti.

Vantaggi dell'Aeroponica:

- Massima ossigenazione delle radici, che favorisce una crescita molto rapida.
- Utilizzo molto efficiente dell'acqua e dei nutrienti.
- Adatto per una vasta gamma di piante, incluse quelle a crescita rapida e le colture di alto valore.

Svantaggi dell'Aeroponica:

- Richiede attrezzature più sofisticate e costose rispetto ad altre tecniche.
- Sensibile a interruzioni di energia e malfunzionamenti delle pompe.

Ebb and Flow

Il sistema Ebb and Flow, noto anche come sistema a flusso e riflusso, allaga periodicamente il mezzo di coltivazione con la soluzione nutritiva e poi la drena, permettendo alle radici di assorbire i nutrienti e l'ossigeno.

Vantaggi del Ebb and Flow:

- Facilità di configurazione e flessibilità nel coltivare diverse piante.
- Buona aerazione delle radici durante il drenaggio.
- Adatto per una varietà di piante, incluse verdure e piante da fiore.

Svantaggi del Ebb and Flow:

- Necessita di un controllo preciso dei tempi di allagamento e drenaggio.
- Potenziale accumulo di sali nel mezzo di coltivazione.

Wick System

Il Wick System utilizza un materiale poroso, come uno stoppino, per trasportare la soluzione nutritiva dal serbatoio alle radici delle piante. Questo metodo è semplice e non richiede pompe o elettricità.

Vantaggi del Wick System:

- Facilità di configurazione e manutenzione.
- Non richiede elettricità o parti mobili.
- Ideale per piante piccole e a bassa domanda di acqua.

Svantaggi del Wick System:

- Non adatto per piante con elevate esigenze di nutrienti e acqua.
- L'efficienza del sistema dipende dalla capillarità del materiale dello stoppino.

Drip System

Il Drip System fornisce lentamente la soluzione nutritiva alle radici delle piante tramite gocciolatori. Questo metodo è molto flessibile e può essere utilizzato per una vasta gamma di piante.

Vantaggi del Drip System:

- Controllo preciso della quantità di soluzione nutritiva fornita a ciascuna pianta.
- Riduzione degli sprechi di acqua e nutrienti.

- Adatto per colture a lungo termine e piante di grandi dimensioni.

Svantaggi del Drip System:

- Richiede una manutenzione regolare dei gocciolatori per prevenire l'intasamento.
- La distribuzione uniforme della soluzione nutritiva può essere difficile da ottenere.

Queste sei tecniche principali offrono una vasta gamma di opzioni per la coltivazione idroponica, ciascuna con i propri vantaggi e sfide. Scegliere la tecnica giusta dipende dalle esigenze specifiche delle piante che si desidera coltivare e dalle risorse disponibili. Nei prossimi capitoli, approfondiremo ulteriormente ciascuna di queste tecniche, fornendo dettagli pratici e consigli per l'implementazione.

In questo capitolo, abbiamo esplorato i principi fondamentali della coltivazione idroponica e le sei tecniche principali che possono essere utilizzate per coltivare piante senza suolo. Dalla Nutrient Film Technique (NFT) alla Deep Water Culture (DWC), dall'aeroponica ai sistemi Ebb and Flow, Wick e Drip, ogni metodo offre vantaggi unici e specifici. La comprensione di come funzionano questi sistemi e dei loro benefici è essenziale per scegliere la tecnica più adatta alle proprie esigenze di coltivazione.

Abbiamo visto come l'idroponica permetta di ottimizzare l'uso delle risorse idriche e nutritive, migliorare la crescita delle piante e ridurre i rischi di malattie e parassiti. Inoltre, la possibilità di controllare in modo preciso l'ambiente di crescita consente di ottenere raccolti di alta qualità e quantità.

Nei capitoli successivi, approfondiremo ulteriormente ciascuna di queste tecniche, fornendo dettagli pratici su come implementarle e mantenerle. Con le giuste conoscenze e attrezzature, l'idroponica può diventare un metodo di coltivazione altamente produttivo e sostenibile per chiunque, dal giardiniere domestico all'agricoltore commerciale.

Buona lettura e buon giardinaggio idroponico!

CAPITOLO TERZO

Attrezzatura Necessaria

Benvenuti al terzo capitolo di "Idroponica per Tutti: Coltiva Piante Senza Suolo in Casa e Ottieni Raccolti Straordinari". In questo capitolo, esploreremo l'attrezzatura necessaria per avviare e mantenere un sistema idroponico di successo. L'idroponica, pur essendo un metodo di coltivazione innovativo e altamente efficiente, richiede un certo livello di preparazione e strumenti specifici per garantire che le piante ricevano tutti i nutrienti e le condizioni di crescita ottimali.

Che tu stia pianificando di allestire un piccolo giardino idroponico domestico o un sistema su larga scala, la scelta dell'attrezzatura giusta è fondamentale.

Esamineremo i vari componenti essenziali, come i serbatoi, le pompe, le luci di coltivazione, i supporti di crescita e i sistemi di controllo ambientale.

Comprendere le funzioni e l'importanza di ciascun elemento ti aiuterà a creare un sistema ben bilanciato e produttivo.

Questo capitolo ti guiderà passo dopo passo attraverso tutto ciò che devi sapere per selezionare, acquistare e configurare l'attrezzatura idonea per il tuo sistema idroponico. Preparati a scoprire come trasformare qualsiasi spazio disponibile in un ambiente ideale per la coltivazione delle piante, massimizzando la resa e la qualità dei tuoi raccolti.

3.1 Serbatoi e contenitori

Per avviare un sistema idroponico efficace, la scelta dei serbatoi e dei contenitori giusti è fondamentale. Questi componenti sono il cuore del sistema, responsabili di contenere e distribuire la soluzione nutritiva alle piante. Ecco una guida dettagliata sui tipi di serbatoi e contenitori disponibili, i materiali migliori da utilizzare e come configurare questi elementi essenziali per garantire una crescita sana delle piante.

Tipi di Serbatoi

I serbatoi utilizzati nei sistemi idroponici devono essere in grado di contenere la soluzione nutritiva senza contaminare l'acqua. I materiali comunemente utilizzati includono plastica di grado alimentare, acciaio inox e vetroresina. È importante scegliere serbatoi che siano resistenti, facili da pulire e non reattivi ai nutrienti.

- **Plastica di Grado Alimentare**: La plastica di grado alimentare è una scelta popolare per i serbatoi idroponici perché è leggera, resistente e relativamente economica. Assicurati che la plastica sia certificata per l'uso alimentare per evitare il rilascio di sostanze chimiche nocive nella soluzione nutritiva.
- **Acciaio Inox**: I serbatoi in acciaio inox sono estremamente durevoli e non reagiscono con i nutrienti. Tuttavia, sono più costosi e pesanti rispetto alla plastica, quindi sono generalmente utilizzati in sistemi commerciali su larga scala.

- **Vetroresina**: Questo materiale è resistente e leggero, ma può essere costoso. La vetroresina è una buona opzione per sistemi idroponici di medie e grandi dimensioni.

Dimensioni e Capacità

La dimensione e la capacità del serbatoio dipendono dal numero di piante che intendi coltivare e dal tipo di sistema idroponico che stai utilizzando. Un serbatoio troppo piccolo potrebbe non fornire abbastanza soluzione nutritiva, mentre un serbatoio troppo grande potrebbe essere inefficiente.

- **Sistemi Domestici**: Per piccoli sistemi domestici, un serbatoio da 20 a 50 litri è generalmente sufficiente. Questi serbatoi possono facilmente adattarsi a spazi limitati come balconi o serre domestiche.
- **Sistemi Commerciali**: Per operazioni su larga scala, i serbatoi possono variare da 200 a oltre 1000 litri. La capacità maggiore permette di mantenere un ambiente stabile per le piante, riducendo la frequenza dei rifornimenti di soluzione nutritiva.

Configurazione del Serbatoio

La configurazione del serbatoio è cruciale per garantire che la soluzione nutritiva sia distribuita uniformemente alle piante. Ecco alcuni aspetti da considerare nella configurazione del serbatoio:

- **Posizionamento**: Il serbatoio dovrebbe essere posizionato in un'area facilmente accessibile per il riempimento e la manutenzione. È anche importante assicurarsi che il serbatoio sia su una superficie stabile per evitare fuoriuscite o inclinazioni.
- **Aerazione**: L'ossigenazione della soluzione nutritiva è fondamentale. L'uso di pompe d'aria e pietre porose può aiutare a mantenere i livelli di ossigeno disciolto, prevenendo l'ipossia delle radici.
- **Monitoraggio**: Installare strumenti di monitoraggio come misuratori di pH e di conducibilità elettrica (EC) direttamente nel serbatoio aiuta a mantenere i parametri ottimali della soluzione nutritiva. Questi strumenti possono essere collegati a sistemi di automazione per regolare automaticamente i livelli di nutrienti e il pH.

Manutenzione del Serbatoio

La manutenzione regolare del serbatoio è essenziale per prevenire la proliferazione di alghe e la contaminazione della soluzione nutritiva. Ecco alcuni consigli per mantenere il serbatoio in condizioni ottimali:

- **Pulizia Regolare**: Svuotare e pulire il serbatoio almeno una volta al mese per rimuovere eventuali depositi di nutrienti e alghe. Utilizzare una soluzione disinfettante sicura per le piante per garantire che il serbatoio rimanga sterile.

- **Controllo della Temperatura**: La temperatura della soluzione nutritiva deve essere mantenuta tra 18°C e 24°C per evitare problemi di ossigenazione. L'uso di termostati e riscaldatori può aiutare a mantenere la temperatura ideale.
- **Protezione dalla Luce**: Evitare l'esposizione diretta del serbatoio alla luce solare per prevenire la crescita di alghe. L'uso di coperture opache o il posizionamento del serbatoio in un'area ombreggiata può essere utile.

Scegliere i serbatoi e i contenitori giusti e mantenere una configurazione e manutenzione adeguata è fondamentale per il successo di un sistema idroponico. Con l'attrezzatura corretta e una cura adeguata, le tue piante cresceranno rigogliose e produttive.

3.2 Pompe e Sistemi di Irrigazione

Un sistema idroponico efficace richiede pompe e sistemi di irrigazione adeguati per garantire che la soluzione nutritiva sia distribuita uniformemente alle radici delle piante. La scelta della pompa giusta e del sistema di irrigazione è cruciale per il successo del tuo giardino idroponico. In questo sottocapitolo, esploreremo i vari tipi di pompe e sistemi di irrigazione disponibili, come funzionano e come scegliere quelli più adatti alle tue esigenze.

Tipi di Pompe

Le pompe sono il cuore del sistema di irrigazione idroponico. Ecco i tipi principali di pompe utilizzate nei sistemi idroponici:

- **Pompe sommerse**: Queste pompe sono immerse direttamente nella soluzione nutritiva e sono ideali per piccoli sistemi idroponici. Sono facili da installare e mantenere, ma possono essere meno potenti rispetto alle pompe esterne.
- **Pompe esterne**: Queste pompe sono posizionate all'esterno del serbatoio e sono adatte per sistemi più grandi. Sono generalmente più potenti e durature, ma richiedono un'installazione più complessa.
- **Pompe d'aria**: Utilizzate principalmente nei sistemi Deep Water Culture (DWC) e in altre tecniche che richiedono l'aerazione della soluzione nutritiva. Le pompe d'aria spingono l'aria attraverso pietre porose o diffusori per mantenere i livelli di ossigeno nella soluzione.

Scelta della Pompa Giusta

La scelta della pompa giusta dipende da vari fattori, tra cui la dimensione del sistema idroponico, il tipo di piante coltivate e il metodo di coltivazione utilizzato. Ecco alcuni punti chiave da considerare:

- **Portata**: La portata della pompa (misurata in litri per ora) deve essere sufficiente per garantire che tutta la soluzione nutritiva sia distribuita uniformemente. Calcola la portata necessaria in base al volume del tuo serbatoio e alla frequenza di irrigazione desiderata.
- **Altezza di sollevamento**: L'altezza di sollevamento (misurata in metri) indica quanto in alto la pompa può spingere l'acqua. Questo è importante se il serbatoio e il sistema di irrigazione sono posizionati a diverse altezze.

- **Efficienza energetica**: Considera l'efficienza energetica della pompa per ridurre i costi operativi a lungo termine. Le pompe ad alta efficienza energetica possono ridurre significativamente il consumo di energia.

Sistemi di Irrigazione

I sistemi di irrigazione idroponica variano a seconda del tipo di coltivazione e delle esigenze delle piante. Ecco alcuni dei sistemi di irrigazione più comuni:

- **Irrigazione a goccia:** Questo sistema fornisce lentamente la soluzione nutritiva direttamente alle radici delle piante tramite gocciolatori. È molto efficiente e riduce gli sprechi di acqua e nutrienti. Ideale per sistemi su larga scala e colture a lungo termine.
- **Nutrient Film Technique (NFT):** In questo sistema, una sottile pellicola di soluzione nutritiva scorre continuamente su una superficie inclinata, bagnando le radici delle piante. Richiede una pompa che garantisca un flusso costante e uniforme della soluzione.
- **Ebb and Flow (Flusso e Riflusso):** Questo sistema allaga periodicamente il mezzo di coltivazione con la soluzione nutritiva e poi la drena. Richiede una pompa temporizzata per controllare i cicli di allagamento e drenaggio.

- **Aeroirrigazione**: Utilizzata nei sistemi aeroponici, questo metodo spruzza la soluzione nutritiva sotto forma di nebbia direttamente sulle radici sospese nell'aria. Le pompe a pressione elevata sono necessarie per creare una nebulizzazione fine.

Manutenzione delle Pompe e dei Sistemi di Irrigazione

La manutenzione regolare delle pompe e dei sistemi di irrigazione è essenziale per garantire il loro corretto funzionamento e la longevità. Ecco alcuni consigli per la manutenzione:

- **Pulizia regolare**: Rimuovi e pulisci regolarmente le pompe e i gocciolatori per prevenire l'accumulo di residui e alghe. Utilizza soluzioni disinfettanti sicure per le piante.
- **Monitoraggio delle prestazioni**: Controlla periodicamente la portata e la pressione delle pompe per assicurarti che funzionino correttamente. Sostituisci le parti usurate o danneggiate.
- **Ispezione dei tubi**: Verifica che i tubi di irrigazione siano liberi da blocchi e che non ci siano perdite. Sostituisci i tubi se necessario.
- **Gestione delle interruzioni di energia**: Utilizza un gruppo di continuità (UPS) per proteggere le pompe da interruzioni di energia. Questo è particolarmente importante per i sistemi che richiedono un flusso continuo di nutrienti.

La scelta e la manutenzione adeguata delle pompe e dei sistemi di irrigazione sono fondamentali per il successo di un sistema idroponico. Con la giusta attrezzatura e una cura adeguata, puoi garantire che le tue piante ricevano l'acqua e i nutrienti necessari per crescere rigogliose e produttive.

3.3 Luci di Coltivazione

Le luci di coltivazione sono un componente essenziale in un sistema idroponico, specialmente se si coltiva in ambienti chiusi o in zone con poca luce naturale. Una corretta illuminazione è fondamentale per la fotosintesi, il processo attraverso il quale le piante producono energia. In questo sottocapitolo, esploreremo i diversi tipi di luci di coltivazione disponibili, i loro vantaggi e svantaggi, e come scegliere quelle più adatte alle tue esigenze.

Tipi di Luci di Coltivazione

Esistono vari tipi di luci di coltivazione, ognuna con caratteristiche specifiche che le rendono adatte a differenti situazioni di coltivazione. Le principali categorie includono:

- **Luci a Incandescenza**: Queste luci sono economiche e facili da trovare, ma non sono efficienti per la coltivazione delle piante poiché producono molto calore e poca luce utile per la fotosintesi.

- **Luci Fluorescenti:** Queste luci sono più efficienti delle incandescenti e producono meno calore. Sono disponibili in diverse forme, tra cui tubi fluorescenti e CFL (lampade fluorescenti compatte). Sono ideali per le piante a crescita lenta e per l'avvio delle piantine.
- **Luci HID** (High-Intensity Discharge): Comprendono le lampade a vapori di sodio ad alta pressione (HPS) e le lampade a ioduri metallici (MH). Le HPS sono ottime per la fioritura e la fruttificazione, mentre le MH sono ideali per la crescita vegetativa. Queste luci offrono un'alta intensità luminosa, ma consumano molta energia e producono calore.
- **Luci a LED (Light Emitting Diode):** I LED sono le luci di coltivazione più moderne e efficienti. Offrono una gamma di spettro luminoso personalizzabile, consumano meno energia e producono poco calore. I LED di alta qualità possono essere costosi, ma la loro durata e l'efficienza energetica compensano l'investimento iniziale.

Scelta delle Luci di Coltivazione

La scelta delle luci di coltivazione dipende da vari fattori, tra cui il tipo di piante coltivate, la fase di crescita, e lo spazio disponibile. Ecco alcuni aspetti da considerare:

- **Spettro Luminoso**: Le piante richiedono diverse lunghezze d'onda della luce per differenti fasi di crescita. Durante la fase vegetativa, è preferibile una luce blu (spettro di 400-500 nm), mentre per la fioritura e la fruttificazione è necessaria una luce rossa (spettro di 600-700 nm). I LED offrono la possibilità di regolare lo spettro in base alle necessità.
- **Intensità Luminosa**: La quantità di luce necessaria dipende dal tipo di pianta e dalla fase di crescita. Piante come i pomodori e i peperoni richiedono un'alta intensità luminosa, mentre le erbe aromatiche e le insalate possono crescere con intensità luminose più basse. Le HID sono adatte per esigenze di alta intensità, mentre i LED possono essere regolati per adattarsi a diverse esigenze.
- **Efficienza Energetica**: Considera l'efficienza energetica delle luci per ridurre i costi operativi. I LED sono i più efficienti dal punto di vista energetico, seguiti dalle luci fluorescenti. Le HID sono meno efficienti ma offrono una maggiore intensità luminosa.

Configurazione delle Luci di Coltivazione

Una volta scelte le luci di coltivazione, è importante configurarle correttamente per massimizzare i benefici per le piante:

- **Posizionamento**: Le luci devono essere posizionate a una distanza adeguata dalle piante per evitare scottature ma abbastanza vicine da fornire una luce sufficiente. Per i LED, la distanza ideale varia tra 30 e 60 cm, mentre per le HID può essere tra 60 e 90 cm, a seconda della potenza.
- **Fotoperiodo**: Le piante hanno bisogno di un ciclo di luce e oscurità per crescere correttamente. Durante la fase vegetativa, molte piante richiedono 16-18 ore di luce al giorno. Durante la fioritura, il fotoperiodo viene spesso ridotto a 12 ore di luce. Utilizza timer automatici per garantire cicli di luce regolari.
- **Raffreddamento**: Le luci HID e alcune luci fluorescenti producono molto calore, quindi è necessario un sistema di raffreddamento per mantenere la temperatura ideale nel tuo spazio di coltivazione. I LED producono meno calore, ma è comunque importante garantire una buona ventilazione.

Manutenzione delle Luci di Coltivazione

Per mantenere le luci di coltivazione efficienti e funzionanti a lungo, segui questi consigli di manutenzione:

- **Pulizia**: Pulisci regolarmente le superfici delle luci per rimuovere polvere e detriti che possono ridurre l'efficienza luminosa.

- **Sostituzione**: Le lampade fluorescenti e HID perdono efficienza nel tempo e devono essere sostituite periodicamente. Controlla le raccomandazioni del produttore per la frequenza di sostituzione.
- **Controllo delle Connessioni**: Assicurati che tutte le connessioni elettriche siano sicure e che non ci siano fili esposti o danneggiati.

Le luci di coltivazione sono una componente vitale per qualsiasi sistema idroponico indoor. Con la scelta e la configurazione corrette, puoi creare un ambiente di crescita ideale che massimizza il rendimento delle tue piante.

3.4 Supporti di crescita

I supporti di crescita, o substrati, sono materiali utilizzati in sistemi idroponici per sostenere le radici delle piante. Anche se le piante coltivate in idroponica non richiedono il suolo per ottenere nutrienti, necessitano comunque di un mezzo che fornisca stabilità e un'adeguata aerazione delle radici. La scelta del substrato giusto è fondamentale per il successo della coltivazione idroponica. In questo sottocapitolo, esploreremo i vari tipi di substrati disponibili, i loro vantaggi e svantaggi, e come selezionare il più adatto alle tue esigenze.

Tipi di Supporti di Crescita

1. **Argilla Espansa**
   - **Descrizione**: Palline di argilla riscaldate a temperature elevate fino a espandersi e formare una struttura leggera e porosa.
   - **Vantaggi**: Eccellente ritenzione idrica e aerazione. Riutilizzabile e facile da pulire.
   - **Svantaggi**: Può essere costosa e tende a essere leggera, quindi può essere spostata facilmente dalle radici in crescita.

2. **Perlite**
   - **Descrizione**: Roccia vulcanica riscaldata a temperature elevate fino a espandersi e diventare leggera e porosa.
   - **Vantaggi**: Alta capacità di ritenzione idrica e buon drenaggio. Economica e facilmente disponibile.
   - **Svantaggi**: Polverosa e può richiedere un risciacquo prima dell'uso. Leggera, quindi può galleggiare nella soluzione nutritiva.

3. **Fibra di Cocco (Coco Coir)**
   - **Descrizione**: Derivata dalla buccia esterna delle noci di cocco, è un materiale fibroso che trattiene bene l'umidità.

- **Vantaggi**: Ottima ritenzione idrica e aerazione. Sostenibile e biodegradabile.
- **Svantaggi**: Può trattenere sali che richiedono risciacqui regolari. Potenziale per problemi di decomposizione nel tempo.

4. **Lana di Roccia (Rockwool)**

    - **Descrizione**: Materiale derivato dalla fusione di roccia basaltica in fibre leggere e porose.
    - **Vantaggi**: Eccellente capacità di ritenzione idrica e buona aerazione delle radici. Disponibile in diverse forme e dimensioni.
    - **Svantaggi**: Non biodegradabile. Può essere irritante per la pelle e i polmoni durante la manipolazione.

5. **Vermiculite**

    - **Descrizione**: Minerale silicato riscaldato fino a espandersi in piccole particelle leggere e spugnose.
    - **Vantaggi**: Buona ritenzione idrica e capacità di fornire minerali come magnesio e potassio. Spesso mescolata con perlite per bilanciare ritenzione idrica e drenaggio.
    - **Svantaggi**: Può trattenere troppa acqua se usata da sola, potenzialmente soffocando le radici.

6. **Torba**

- **Descrizione**: Materiale organico formato dalla decomposizione di muschi e altre piante in condizioni anaerobiche.
- **Vantaggi**: Buona ritenzione idrica e capacità di migliorare la struttura del substrato. Sostenibile e biodegradabile.
- **Svantaggi**: Può compattarsi nel tempo, riducendo l'aerazione delle radici. Potenziale per contenere agenti patogeni se non sterilizzata.

Scelta del Substrato Giusto

La scelta del substrato dipende da diversi fattori, tra cui il tipo di piante coltivate, il sistema idroponico utilizzato e le preferenze personali. Ecco alcuni aspetti da considerare:

- **Ritenzione Idrica**: La capacità del substrato di trattenere l'acqua è cruciale per garantire che le radici delle piante ricevano un apporto costante di nutrienti. Substrati come la fibra di cocco e la lana di roccia sono noti per la loro eccellente ritenzione idrica.

- **Aerazione**: Una buona aerazione è essenziale per prevenire la marcescenza delle radici e promuovere una crescita sana. L'argilla espansa e la perlite offrono un'ottima aerazione grazie alla loro struttura porosa.

- **Sostenibilità**: La scelta di substrati sostenibili e biodegradabili come la fibra di cocco e la torba può ridurre l'impatto ambientale del sistema idroponico.

- **Costo**: Il costo del substrato può variare notevolmente. Considera il budget a tua disposizione e scegli un substrato che offra un buon equilibrio tra costo e prestazioni.

Manutenzione dei Substrati

La manutenzione regolare dei substrati è essenziale per mantenere un ambiente di crescita sano e produttivo:

- **Pulizia**: Alcuni substrati, come l'argilla espansa, possono essere riutilizzati dopo essere stati puliti e sterilizzati. Altri, come la lana di roccia, devono essere sostituiti dopo ogni ciclo di coltivazione.

- **Controllo del pH**: Alcuni substrati possono influenzare il pH della soluzione nutritiva. Monitorare e regolare il pH regolarmente è fondamentale per garantire che le piante assorbano i nutrienti in modo ottimale.

- **Ispezione delle Radici**: Controllare regolarmente le radici delle piante per assicurarsi che non ci siano segni di marciume o compattazione del substrato. Assicurati che le radici siano bianche e sane.

I supporti di crescita sono una componente vitale per il successo del tuo sistema idroponico. La scelta del substrato giusto e la sua manutenzione adeguata possono fare una grande differenza nella qualità e quantità dei tuoi raccolti. Con le giuste conoscenze e attrezzature, potrai creare un ambiente di crescita ottimale per le tue piante.

CAPITOLO QUARTO

Preparazione delle Soluzioni Nutritive

Benvenuti al quarto capitolo di "Idroponica per Tutti: Coltiva Piante Senza Suolo in Casa e Ottieni Raccolti Straordinari". In questo capitolo, ci concentreremo sulla preparazione delle soluzioni nutritive, un aspetto cruciale per il successo della coltivazione idroponica. Le piante, in un sistema idroponico, ricevono tutti i nutrienti essenziali attraverso una soluzione acquosa. Preparare correttamente questa soluzione è fondamentale per garantire una crescita sana e vigorosa delle piante. Esploreremo i nutrienti essenziali per le piante, come preparare e miscelare le soluzioni nutritive, e come regolare il pH e la conducibilità elettrica (EC) per ottimizzare l'assorbimento dei nutrienti.

4.1 Nutrienti essenziali per le piante

Per garantire una crescita sana e vigorosa delle piante in un sistema idroponico, è fondamentale comprendere i nutrienti essenziali necessari. Le piante necessitano di macro e micronutrienti, che devono essere forniti in proporzioni adeguate nella soluzione nutritiva. In questo sottocapitolo, esploreremo i principali nutrienti richiesti dalle piante e il loro ruolo nel processo di crescita.

Macronutrienti

I macronutrienti sono necessari in grandi quantità e includono:

1. **Azoto (N)**

    - **Ruolo**: Essenziale per la crescita vegetativa, l'azoto è un componente fondamentale delle proteine, degli enzimi e della clorofilla. È cruciale per lo sviluppo delle foglie e degli steli.
    - **Sintomi di carenza**: Foglie gialle (clorosi), crescita stentata.

2. **Fosforo (P)**

    - **Ruolo**: Importante per la fotosintesi, la respirazione e la produzione di energia. Il fosforo favorisce lo sviluppo delle radici e la fioritura.
    - **Sintomi di carenza**: Crescita ritardata, foglie scure o viola.

3. **Potassio (K)**

    - **Ruolo**: Regola l'apertura e la chiusura degli stomi, aiuta nella sintesi delle proteine e migliora la resistenza delle piante alle malattie.
    - **Sintomi di carenza**: Bordo delle foglie bruciato, macchie necrotiche.

4. **Calcio (Ca)**
    - **Ruolo**: Importante per la struttura delle pareti cellulari e la stabilità delle membrane cellulari. Aiuta nella divisione cellulare e nella crescita delle radici.
    - **Sintomi di carenza**: Punta delle radici marrone, marciume apicale nei pomodori.

5. **Magnesio (Mg)**
    - **Ruolo**: Componente centrale della molecola di clorofilla, essenziale per la fotosintesi. Aiuta nell'attivazione di molti enzimi.
    - **Sintomi di carenza**: Ingiallimento tra le vene delle foglie più vecchie.

6. **Zolfo (S)**
    - **Ruolo**: Parte delle proteine e degli enzimi, il zolfo è necessario per la sintesi degli aminoacidi.
    - **Sintomi di carenza**: Crescita lenta, foglie giovani ingiallite.

Micronutrienti

I micronutrienti sono richiesti in quantità minori ma sono altrettanto vitali:

1. **Ferro (Fe)**

    - **Ruolo**: Importante per la sintesi della clorofilla e il funzionamento degli enzimi.
    - **Sintomi di carenza**: Clorosi interveinale delle foglie giovani.

2. **Manganese (Mn)**

    - **Ruolo**: Aiuta nella fotosintesi e nella sintesi di alcuni enzimi.
    - **Sintomi di carenza**: Macchie necrotiche sulle foglie, crescita stentata.

3. **Zinco (Zn)**

    - **Ruolo**: Necessario per la sintesi degli ormoni di crescita e per la struttura degli enzimi.
    - **Sintomi di carenza**: Crescita ridotta delle foglie, foglie piccole e deformi.

4. **Boro (B)**

- **Ruolo**: Essenziale per la formazione delle pareti cellulari e la divisione cellulare.
- **Sintomi di carenza**: Deformazione delle radici, crescita stentata.

5. **Rame (Cu)**

    - **Ruolo**: Parte di molti enzimi e necessario per la fotosintesi.
    - **Sintomi di carenza**: Ingiallimento delle punte delle foglie, crescita ritardata.

6. **Molibdeno (Mo)**

    - **Ruolo**: Essenziale per il metabolismo dell'azoto.
    - **Sintomi di carenza**: Ingiallimento delle foglie, crescita stentata.

7. **Cloro (Cl)**

    - **Ruolo**: Coinvolto nella fotosintesi e nella regolazione osmotica.
    - **Sintomi di carenza**: Macchie necrotiche sulle foglie, avvizzimento

La comprensione dei nutrienti essenziali e del loro ruolo nella crescita delle piante è fondamentale per il successo della coltivazione idroponica. Con una preparazione adeguata delle soluzioni nutritive, è possibile ottenere piante sane e raccolti abbondanti. Nei prossimi sottocapitoli, approfondiremo come preparare e miscelare le soluzioni nutritive e come regolare il pH e l'EC per ottimizzare la crescita delle piante.

4.2 Preparazione e Miscelazione delle Soluzioni Nutritive

La preparazione e la miscelazione delle soluzioni nutritive è un processo fondamentale nella coltivazione idroponica. Una soluzione nutritiva ben bilanciata fornisce alle piante tutti gli elementi essenziali di cui hanno bisogno per crescere in modo sano e produttivo. In questo sottocapitolo, esploreremo i passi necessari per preparare correttamente una soluzione nutritiva, gli strumenti richiesti e le migliori pratiche per garantire che le piante ricevano una nutrizione ottimale.

Per cominciare, è essenziale utilizzare acqua di buona qualità. L'acqua deve essere priva di contaminanti e sostanze chimiche che potrebbero influire sulla salute delle piante. In molte situazioni, l'acqua del rubinetto può contenere cloro e altre impurità, pertanto è consigliabile utilizzare acqua filtrata o distillata per evitare problemi. Una volta che si ha a disposizione l'acqua adatta, il passo successivo è la selezione dei fertilizzanti specifici per l'idroponica, che contengono la giusta combinazione di macro e micronutrienti.

La preparazione della soluzione nutritiva inizia con la misurazione accurata dei fertilizzanti. Ogni produttore di fertilizzanti idroponici fornisce istruzioni dettagliate sulle quantità da utilizzare, quindi è fondamentale seguire queste indicazioni per evitare sovradosaggi o carenze. I fertilizzanti devono essere aggiunti all'acqua in un ordine specifico per evitare reazioni chimiche indesiderate che potrebbero precipitare i nutrienti e renderli indisponibili per le piante.

Una volta aggiunti i fertilizzanti, è importante mescolare bene la soluzione per assicurarsi che tutti i nutrienti siano uniformemente distribuiti. Questo può essere fatto manualmente, agitando il contenitore, o utilizzando una pompa di ricircolo per garantire una miscelazione omogenea. Dopo aver mescolato, è necessario misurare il pH della soluzione. Il pH influisce notevolmente sulla disponibilità dei nutrienti, quindi deve essere mantenuto entro un intervallo ottimale, solitamente tra 5.5 e 6.5 per la maggior parte delle piante. Se il pH è fuori da questo intervallo, può essere regolato utilizzando soluzioni di pH up o pH down.

Un altro parametro cruciale da monitorare è la conducibilità elettrica (EC) della soluzione nutritiva. L'EC misura la concentrazione totale dei sali nutritivi disciolti nell'acqua e deve essere mantenuta entro un intervallo specifico per evitare che le piante ricevano troppi o troppo pochi nutrienti. Strumenti specifici per la misurazione del pH e dell'EC sono essenziali per mantenere i livelli corretti e assicurare che le piante crescano in modo ottimale.

È anche importante rinnovare regolarmente la soluzione nutritiva per prevenire l'accumulo di sali e sostanze tossiche che possono influire negativamente sulla crescita delle piante. La frequenza di rinnovo dipende dal tipo di sistema idroponico utilizzato e dalle esigenze specifiche delle piante coltivate. In generale, è una buona pratica sostituire completamente la soluzione nutritiva ogni due settimane e monitorare costantemente i livelli di pH ed EC.

La preparazione e la miscelazione delle soluzioni nutritive richiedono attenzione ai dettagli e una buona comprensione delle esigenze delle piante. Seguendo le migliori pratiche e utilizzando gli strumenti adeguati, è possibile creare un ambiente di crescita ideale che favorisca il massimo rendimento e la salute delle piante. Con la giusta cura e precisione, le soluzioni nutritive possono fare la differenza tra una coltivazione mediocre e un raccolto abbondante e di alta qualità.

4.3 Regolazione del pH e della Conducibilità Elettrica (EC)

La regolazione del pH e della conducibilità elettrica (EC) è una componente essenziale per il successo della coltivazione idroponica. Entrambi questi parametri influenzano direttamente la disponibilità dei nutrienti e, di conseguenza, la salute e la crescita delle piante. In questo sottocapitolo, esploreremo l'importanza del pH e dell'EC, come misurarli e mantenerli nei valori ottimali, e quali strumenti e tecniche utilizzare per garantire un ambiente di crescita ideale.

Importanza del pH nella Coltivazione Idroponica

Il pH della soluzione nutritiva determina quanto bene le piante possono assorbire i nutrienti disponibili. Un pH troppo alto o troppo basso può causare carenze nutrizionali anche se i nutrienti sono presenti in quantità sufficienti. Per la maggior parte delle piante coltivate in idroponica, l'intervallo di pH ideale è compreso tra 5.5 e 6.5. Questo intervallo assicura che i nutrienti essenziali siano disponibili in forma solubile e facilmente assimilabile dalle radici.

Quando il pH è al di fuori di questo intervallo, alcuni nutrienti possono diventare meno solubili e quindi meno disponibili per le piante. Ad esempio, un pH troppo alto può causare carenze di ferro, manganese e fosforo, mentre un pH troppo basso può limitare l'assorbimento di calcio e magnesio. Pertanto, è fondamentale monitorare e regolare regolarmente il pH della soluzione nutritiva.

Misurazione e Regolazione del pH

Per misurare il pH, si utilizzano pH-metri digitali o strisce reattive. I pH-metri digitali offrono una maggiore precisione e sono facili da usare. Prima di ogni misurazione, è importante calibrare il pH-metro con soluzioni tampone per garantire letture accurate. Se il pH della soluzione nutritiva deve essere regolato, si utilizzano soluzioni di pH up (per aumentare il pH) o pH down (per diminuire il pH). Questi prodotti sono formulati appositamente per essere sicuri per le piante e facili da dosare. La regolazione del pH deve essere fatta gradualmente per evitare fluttuazioni brusche che possono stressare le piante.

Importanza della Conducibilità Elettrica (EC)

La conducibilità elettrica (EC) misura la concentrazione totale dei sali nutrienti disciolti nella soluzione nutritiva. Un valore di EC corretto indica che le piante stanno ricevendo la quantità appropriata di nutrienti. Un EC troppo alto può indicare un eccesso di nutrienti, che può portare a bruciature delle radici e altri problemi. Al contrario, un EC troppo basso suggerisce una carenza di nutrienti, che può causare una crescita stentata e foglie ingiallite.

L'EC ideale varia a seconda del tipo di piante coltivate e della fase di crescita. Ad esempio, le piante giovani e le piantine possono richiedere un EC più basso, mentre le piante in fase di fioritura o fruttificazione possono necessitare di un EC più alto. In generale, l'EC per la maggior parte delle colture idroponiche dovrebbe essere mantenuto tra 1.0 e 3.0 mS/cm (milliSiemens per centimetro).

Misurazione e Regolazione dell'EC

Per misurare l'EC, si utilizzano misuratori di conducibilità digitale. Questi strumenti sono semplici da usare e forniscono letture rapide e accurate della concentrazione dei sali nella soluzione nutritiva. È importante calibrarli regolarmente con soluzioni standard per mantenere l'accuratezza delle misurazioni. Se l'EC è troppo alta, è possibile diluire la soluzione nutritiva aggiungendo acqua pura fino a raggiungere il valore desiderato. Se l'EC è troppo bassa, è necessario aggiungere più nutrienti concentrati alla soluzione. Anche in questo caso, la regolazione deve essere fatta gradualmente per evitare shock alle piante.

Tecniche e Strumenti per il Controllo del pH e dell'EC

Utilizzare strumenti di qualità per il monitoraggio del pH e dell'EC è essenziale per garantire il successo della coltivazione idroponica. I pH-metri e i misuratori di EC devono essere calibrati regolarmente e mantenuti puliti per assicurare letture accurate. Inoltre, tenere un registro delle misurazioni aiuta a identificare eventuali tendenze o problemi prima che possano influire negativamente sulle piante.

L'automazione del controllo del pH e dell'EC può semplificare notevolmente la gestione delle soluzioni nutritive. Esistono sistemi di controllo automatizzati che monitorano continuamente i livelli di pH e EC e regolano automaticamente la soluzione nutritiva per mantenere i valori ottimali. Questi sistemi possono essere particolarmente utili in impianti idroponici su larga scala o in situazioni in cui il tempo e la precisione sono critici.

In conclusione, la regolazione del pH e dell'EC è un aspetto fondamentale della gestione delle soluzioni nutritive in idroponica. Con una comprensione approfondita dei principi coinvolti e l'uso di strumenti adeguati, è possibile creare un ambiente di crescita ottimale che favorisca piante sane e produttive. La cura e l'attenzione ai dettagli in queste fasi garantiscono raccolti abbondanti e di alta qualità, massimizzando il potenziale del sistema idroponico.

CAPITOLO QUINTO

Scelta delle Piante per l'Idroponica

La scelta delle piante è una delle decisioni più cruciali quando si tratta di avviare un sistema idroponico. Non tutte le piante sono adatte a questo tipo di coltivazione e alcune richiedono attenzioni particolari per prosperare. Questo capitolo ti guiderà attraverso le opzioni migliori, offrendo consigli pratici su come selezionare le piante che non solo crescono bene in un ambiente idroponico, ma che possono anche offrire un raccolto abbondante e di alta qualità. Dalle verdure fresche alle erbe aromatiche, fino alle piante da frutto, esploreremo le varietà che possono massimizzare il tuo successo in idroponica, fornendo suggerimenti su come soddisfare le loro esigenze specifiche per garantire una crescita rigogliosa e sana. Iniziamo dunque questo viaggio nella selezione delle piante ideali per il tuo giardino idroponico.

5.1 Piante più adatte all'idroponica

Quando si tratta di coltivazione idroponica, alcune piante si adattano meglio di altre a questo metodo di crescita fuori suolo. La scelta delle piante giuste può fare la differenza tra un sistema che prospera e uno che fatica a mantenersi. Le piante più adatte all'idroponica sono generalmente quelle che hanno un ciclo di crescita rapido, un apparato radicale compatto e una tolleranza alle condizioni di umidità elevate.

Le lattughe e le verdure a foglia verde, come spinaci, cavoli e bietole, sono tra le scelte più comuni e popolari per l'idroponica. Queste piante crescono rapidamente, richiedono un supporto minimo e possono essere raccolte in cicli continui, garantendo una fornitura costante di verdure fresche.

Erbe aromatiche come basilico, menta, coriandolo e prezzemolo sono altrettanto ideali per l'idroponica. Queste piante non solo crescono bene in acqua, ma beneficiano anche dell'ambiente controllato di un sistema idroponico che favorisce un aroma più intenso e una crescita vigorosa.

Per chi desidera coltivare ortaggi, i pomodori, i peperoni e i cetrioli sono ottime opzioni. Questi ortaggi richiedono un po' più di attenzione, specialmente per quanto riguarda il supporto e la gestione dei nutrienti, ma possono produrre raccolti abbondanti e di alta qualità. I pomodori, in particolare, sono famosi per la loro produttività in sistemi idroponici, grazie alla possibilità di fornire esattamente il giusto bilanciamento di nutrienti per massimizzare la crescita e la fruttificazione.

Anche le fragole possono essere coltivate con successo in idroponica. Queste piante richiedono un controllo attento delle condizioni ambientali, ma in cambio possono offrire frutti dolci e succosi che maturano più rapidamente rispetto ai metodi di coltivazione tradizionali.

Infine, vale la pena menzionare le piante da fiore, come le orchidee e i gerani, che possono prosperare in sistemi idroponici. Queste piante richiedono condizioni specifiche, ma l'ambiente controllato dell'idroponica può portare a fioriture più abbondanti e spettacolari.

In sintesi, la selezione delle piante per il tuo sistema idroponico dovrebbe basarsi su considerazioni pratiche come lo spazio disponibile, il tempo che puoi dedicare alla manutenzione e i tuoi obiettivi di raccolta. Scegliere le piante giuste è il primo passo verso un giardino idroponico di successo.

5.2 Coltivazione di ortaggi

La coltivazione di ortaggi in un sistema idroponico offre numerosi vantaggi rispetto ai metodi tradizionali di agricoltura. Gli ortaggi crescono più velocemente, producono raccolti più abbondanti e, grazie al controllo preciso dell'ambiente di crescita, possono essere coltivati tutto l'anno. Tuttavia, ci sono alcune considerazioni specifiche da tenere a mente per garantire il successo della coltivazione di ortaggi idroponici.

Iniziamo con i pomodori, una delle colture idroponiche più popolari. I pomodori richiedono un sistema di supporto robusto per sostenere le piante mentre crescono e producono frutti. La Nutrient Film Technique (NFT) o il sistema a Drip sono particolarmente efficaci per la coltivazione dei pomodori. È essenziale monitorare attentamente i livelli di nutrienti, in particolare il potassio e il calcio, per evitare problemi come il marciume apicale. I pomodori necessitano anche di una buona circolazione d'aria e di un ambiente ben illuminato per prevenire malattie fungine.

I peperoni sono un'altra eccellente scelta per l'idroponica. Simili ai pomodori, i peperoni beneficiano di un sistema di supporto e richiedono un'attenta gestione dei nutrienti. La Deep Water Culture (DWC) è un sistema efficace per i peperoni, fornendo un apporto continuo di acqua e nutrienti direttamente alle radici. È importante mantenere la temperatura dell'acqua tra 18-24°C e assicurarsi che le piante ricevano almeno 14-16 ore di luce al giorno.

I cetrioli sono noti per la loro crescita vigorosa e la capacità di produrre frutti abbondanti in un sistema idroponico. I cetrioli possono essere coltivati con successo utilizzando sistemi come l'Ebb and Flow o il Drip System. Richiedono un traliccio per sostenere la crescita verticale e per prevenire il contatto dei frutti con l'acqua, che potrebbe causare marciume. I cetrioli preferiscono un ambiente con umidità relativa del 70-80% e temperature dell'aria tra 24-29°C.

Le lattughe e le altre verdure a foglia verde, come gli spinaci e le bietole, sono tra le colture più facili da gestire in idroponica. Queste piante crescono bene in sistemi come l'Nutrient Film Technique (NFT) e la Deep Water Culture (DWC). Richiedono meno nutrienti rispetto agli ortaggi da frutto e possono essere raccolte in cicli continui, offrendo una fornitura costante di verdure fresche. È essenziale mantenere una buona qualità dell'acqua, con pH tra 5.5 e 6.5, e monitorare i livelli di ossigeno disciolto.

Le carote e le radici, sebbene meno comuni, possono essere coltivate con successo in sistemi idroponici, utilizzando contenitori profondi e substrati adeguati come la perlite o la fibra di cocco. Richiedono un attento monitoraggio del pH e una gestione precisa dell'irrigazione per evitare la formazione di radici deformi.

In conclusione, la coltivazione di ortaggi in idroponica richiede attenzione ai dettagli e un buon controllo delle condizioni di crescita. Con il giusto approccio, è possibile ottenere raccolti abbondanti e di alta qualità, sfruttando al meglio le potenzialità di questo innovativo metodo di coltivazione.

5.3 Coltivazione di erbe aromatiche

La coltivazione di erbe aromatiche in idroponica è una scelta eccellente per chi desidera avere a disposizione una varietà di aromi freschi tutto l'anno. Le erbe aromatiche sono generalmente facili da coltivare, richiedono meno spazio rispetto agli ortaggi e possono prosperare in una vasta gamma di sistemi idroponici. Di seguito esploreremo alcune delle erbe aromatiche più comuni e come coltivarle con successo.
Il basilico è una delle erbe aromatiche più popolari per la coltivazione idroponica. Cresce rapidamente e richiede un livello costante di luce, ideale per un sistema come l'Nutrient Film Technique (NFT) o la Deep Water Culture (DWC). Il basilico preferisce una soluzione nutritiva con un pH tra 5.5 e 6.5 e una temperatura dell'aria compresa tra 20-25°C. Una delle chiavi per una crescita rigogliosa del basilico è il taglio regolare delle cime per promuovere una maggiore ramificazione.

La menta è un'altra ottima scelta per l'idroponica. Questa pianta robusta cresce bene in quasi tutti i tipi di sistemi idroponici, compresi i sistemi a stoppino (Wick System) e l'Ebb and Flow. La menta preferisce una soluzione nutritiva con un pH tra 6.0 e 7.0 e temperature tra 18-24°C. Una caratteristica interessante della menta è la sua capacità di propagarsi rapidamente, quindi è importante monitorare la crescita per evitare che invada troppo spazio.

Il coriandolo è noto per la sua crescita rapida e l'intenso aroma. Il coriandolo può essere coltivato con successo in un sistema a Drip o in NFT. Preferisce una soluzione nutritiva con un pH tra 6.5 e 7.5 e temperature tra 18-22°C. È importante raccogliere il coriandolo prima che inizi a fiorire, poiché le foglie tendono a diventare amare una volta che la pianta entra in fase di fioritura.

Il prezzemolo, sia nella varietà riccia che in quella piatta, cresce bene in sistemi idroponici come la Deep Water Culture (DWC) e l'Ebb and Flow. Richiede un pH della soluzione nutritiva tra 6.0 e 7.0 e temperature tra 18-24°C. Il prezzemolo beneficia di una raccolta regolare delle foglie esterne, che stimola una crescita continua e rigogliosa.

L'erba cipollina è un'altra erba aromatica molto apprezzata in idroponica. Può essere coltivata in un sistema NFT o in DWC e preferisce una soluzione nutritiva con un pH tra 6.0 e 7.0. Le temperature ideali per l'erba cipollina sono tra 15-20°C. Una caratteristica interessante dell'erba cipollina è che può essere tagliata più volte, poiché le foglie ricrescono rapidamente.

Infine, il rosmarino, sebbene più esigente, può essere coltivato con successo in idroponica. Preferisce un sistema a Drip o un NFT con una soluzione nutritiva a pH tra 6.0 e 7.0 e temperature tra 20-25°C. Il rosmarino richiede una buona circolazione d'aria e una luce intensa per evitare problemi di muffa e malattie fungine.

In conclusione, la coltivazione di erbe aromatiche in idroponica non solo fornisce un'ampia gamma di aromi freschi, ma offre anche l'opportunità di sperimentare con diverse tecniche e sistemi di coltivazione. Con un po' di attenzione e cura, è possibile ottenere erbe aromatiche di alta qualità, pronte per essere utilizzate in cucina in qualsiasi momento.

5.4 Coltivazione di piante da frutto

Coltivare piante da frutto in un sistema idroponico può sembrare una sfida, ma con le giuste tecniche e attenzioni, è possibile ottenere raccolti abbondanti e gustosi. Le piante da frutto richiedono generalmente più spazio e una gestione più attenta dei nutrienti rispetto alle verdure e alle erbe aromatiche, ma i risultati possono essere estremamente gratificanti.

Le fragole sono una delle piante da frutto più comuni coltivate in idroponica. Prosperano in sistemi come la Nutrient Film Technique (NFT) o i sistemi a torre verticale, che permettono di risparmiare spazio e di ottimizzare la luce. Le fragole richiedono un pH della soluzione nutritiva tra 5.5 e 6.5 e una temperatura dell'aria tra 18-24°C. È importante fornire una buona illuminazione, preferibilmente con luci LED a spettro completo, per promuovere la fioritura e la fruttificazione. Le fragole beneficiano anche di una leggera circolazione d'aria per prevenire muffe e marciume.

I pomodori, oltre a essere ortaggi, sono tecnicamente frutti e sono molto popolari in idroponica. Come già menzionato, i pomodori crescono bene in sistemi a Drip o NFT. Richiedono un supporto robusto per sostenere la crescita verticale e i frutti pesanti. È cruciale mantenere un equilibrio nutrizionale adeguato, con particolare attenzione al potassio e al calcio, per prevenire problemi come il marciume apicale. I pomodori preferiscono un pH tra 5.5 e 6.5 e temperature dell'aria tra 20-26°C.

I peperoni, che includono peperoni dolci e peperoncini, sono un'altra eccellente opzione per la coltivazione idroponica. Richiedono un sistema di supporto e possono essere coltivati con successo in Deep Water Culture (DWC) o Drip System. Il pH ideale per i peperoni è tra 5.8 e 6.5, e preferiscono temperature tra 21-27°C. La gestione della luce è fondamentale: assicurarsi che le piante ricevano almeno 14-16 ore di luce al giorno può fare la differenza nella quantità e qualità dei frutti.

I cetrioli, sebbene più esigenti in termini di spazio, possono anche essere coltivati con successo in idroponica. Sono ideali per sistemi come l'Ebb and Flow o il Drip System. I cetrioli richiedono un traliccio per sostenere la crescita verticale e per evitare il contatto diretto con l'acqua, che può causare marciume. Il pH della soluzione nutritiva dovrebbe essere tra 5.8 e 6.0, e le temperature ideali sono tra 22-26°C.

Anche gli agrumi, come i limoni e i lime, possono essere coltivati in sistemi idroponici, anche se richiedono più attenzione e spazio. Gli agrumi crescono bene in sistemi a Drip e richiedono una buona illuminazione e ventilazione. Il pH ideale per gli agrumi è tra 5.5 e 6.5, e preferiscono temperature tra 20-28°C. È importante monitorare attentamente i livelli di nutrienti e assicurarsi che le piante ricevano abbastanza magnesio e ferro per prevenire la clorosi.

Infine, le melanzane possono essere coltivate in idroponica con successo, preferibilmente in sistemi a Drip o NFT. Richiedono un pH della soluzione nutritiva tra 5.5 e 6.5 e temperature tra 22-26°C. Le melanzane necessitano di un supporto per sostenere i frutti pesanti e beneficiano di un ambiente ben illuminato e ventilato.

In conclusione, la coltivazione di piante da frutto in idroponica richiede una gestione attenta delle condizioni ambientali e dei nutrienti, ma i risultati possono essere estremamente gratificanti. Con le giuste tecniche e un po' di pazienza, è possibile ottenere frutti di alta qualità, freschi e saporiti, direttamente dal tuo giardino idroponico.

In questo capitolo abbiamo esplorato l'importanza di selezionare le piante giuste per il tuo sistema idroponico. Dalle verdure a foglia verde agli ortaggi, dalle erbe aromatiche alle piante da frutto, ogni tipologia presenta sfide e vantaggi specifici. La chiave del successo risiede nella comprensione delle esigenze di ciascuna pianta e nell'adattare il tuo sistema di coltivazione per soddisfare queste necessità. Con una scelta accurata delle piante, non solo ottimizzerai la resa del tuo giardino idroponico, ma potrai anche godere di raccolti freschi e abbondanti tutto l'anno. Procedendo con queste conoscenze, sei pronto per avviare il tuo sistema con fiducia e competenza.

CAPITOLO SESTO

Avvio del Sistema Idroponico

L'avvio di un sistema idroponico rappresenta un momento cruciale per ogni coltivatore. Questo capitolo è dedicato a guidarti attraverso le fasi iniziali della progettazione, installazione e avvio del tuo sistema idroponico. Che tu sia un principiante o un esperto che desidera espandere le proprie conoscenze, le informazioni contenute in questo capitolo ti aiuteranno a evitare gli errori comuni e a garantire che il tuo sistema sia configurato correttamente fin dall'inizio. Dall'analisi dello spazio disponibile alla scelta dell'attrezzatura giusta, fino ai primi passi per mettere in funzione il sistema, ti forniremo consigli pratici e dettagliati per un avvio senza intoppi. Un avvio corretto è fondamentale per assicurare una crescita sana delle piante e ottenere i migliori risultati possibili dal tuo giardino idroponico. Prepariamoci dunque a esplorare tutti gli aspetti necessari per dare vita al tuo progetto di coltivazione idroponica.

6.1 Progettazione del sistema

La progettazione del tuo sistema idroponico è un passaggio cruciale che influenzerà direttamente il successo della tua coltivazione. La scelta del tipo di sistema, la disposizione delle piante, e la gestione dello spazio e delle risorse sono tutti elementi da considerare attentamente.

Il primo passo nella progettazione è la valutazione dello spazio disponibile. Che tu stia allestendo un piccolo sistema domestico o un'ampia installazione commerciale, è importante misurare accuratamente l'area destinata al tuo giardino idroponico. Considera l'altezza, la larghezza e la profondità dello spazio, così come l'accesso alla luce naturale e alle fonti di elettricità e acqua. Un'adeguata ventilazione è altrettanto essenziale per mantenere un ambiente di crescita sano e prevenire l'accumulo di umidità che potrebbe favorire la formazione di muffe.

Una volta valutato lo spazio, è il momento di scegliere il tipo di sistema idroponico che meglio si adatta alle tue esigenze. Esistono diverse opzioni, ciascuna con i propri vantaggi e svantaggi:

- **Nutrient Film Technique (NFT)**: Ideale per piante a radice corta come lattughe ed erbe aromatiche. Questo sistema utilizza una pellicola sottile di soluzione nutritiva che scorre costantemente sulle radici delle piante, garantendo un apporto continuo di nutrienti. È un sistema efficiente in termini di consumo d'acqua e nutrienti.

- **Deep Water Culture (DWC)**: Perfetto per piante a crescita rapida e a radice profonda come pomodori e cetrioli. Le radici delle piante sono immerse direttamente in una soluzione nutritiva ossigenata, che viene mantenuta in movimento grazie a un aeratore. Questo sistema è semplice da gestire e molto produttivo.

- **Aeroponica**: Adatto per chi cerca una crescita rapida e un uso efficiente delle risorse. Le radici delle piante sono sospese in aria e nebulizzate con una soluzione nutritiva a intervalli regolari. Questo sistema richiede un controllo preciso delle condizioni ambientali, ma può offrire tassi di crescita eccezionali.

- **Ebb and Flow (Flood and Drain)**: Un sistema versatile che può ospitare una varietà di piante. Le radici sono periodicamente sommerse in una soluzione nutritiva, poi lasciate drenare. Questo metodo è efficace per piante che beneficiano di un ciclo di irrigazione variabile.

- **Wick System**: Ideale per piccoli giardini domestici e principianti. La soluzione nutritiva viene assorbita dalle radici tramite stoppini, rendendo questo sistema semplice e a bassa manutenzione. È perfetto per piante che richiedono poche cure.

- **Drip System**: Adatto per coltivazioni su larga scala. Una soluzione nutritiva viene erogata direttamente alle radici delle piante tramite un sistema di gocciolamento, garantendo un apporto costante di nutrienti. Questo sistema è altamente versatile e può essere utilizzato per una vasta gamma di piante.

Dopo aver scelto il tipo di sistema, pianifica la disposizione delle piante. Assicurati di lasciare spazio sufficiente tra le piante per permettere una buona circolazione dell'aria e un accesso facile per la manutenzione. Considera anche l'orientamento delle luci di crescita e l'accesso per il monitoraggio e la regolazione delle soluzioni nutritive. L'illuminazione è cruciale; le luci a LED a spettro completo sono spesso la scelta migliore per garantire una crescita ottimale. Infine, prepara un piano per la gestione delle risorse. Assicurati di avere un accesso costante a nutrienti, acqua e luce. Prevedi anche un sistema di backup in caso di interruzioni elettriche o problemi tecnici. Un buon sistema di monitoraggio può aiutarti a tenere traccia dei parametri chiave come pH, conducibilità elettrica (EC) e temperatura, permettendoti di fare aggiustamenti tempestivi.

In sintesi, una progettazione accurata e ben pianificata è la chiave per un sistema idroponico di successo. Con un piano solido, sarai ben equipaggiato per avviare il tuo giardino e garantire una crescita sana e rigogliosa delle tue piante. Una buona progettazione ti consentirà di massimizzare l'efficienza e minimizzare i problemi, ponendo le basi per un raccolto abbondante e di alta qualità.

6.2 Installazione e avvio

Dopo aver progettato il tuo sistema idroponico, il passo successivo è l'installazione e l'avvio. Questo processo richiede attenzione ai dettagli per garantire che tutto sia configurato correttamente e che il sistema funzioni in modo ottimale fin dall'inizio.

1. **Preparazione del sito**: Prima di iniziare l'installazione, assicurati che l'area destinata al tuo sistema idroponico sia pulita e priva di ostacoli. Se stai lavorando in un ambiente interno, verifica che ci sia un'adeguata ventilazione e che le fonti di elettricità e acqua siano facilmente accessibili. In un ambiente esterno, proteggi il sistema dalle intemperie e dai parassiti.

2. **Assemblaggio del sistema**: Segui le istruzioni del produttore per assemblare il tuo sistema idroponico. Ogni tipo di sistema avrà passaggi specifici, ma in generale, dovrai collegare i serbatoi, i tubi e le pompe. Assicurati che tutte le connessioni siano sicure per evitare perdite. Se stai utilizzando un sistema a Drip, NFT o Ebb and Flow, presta particolare attenzione all'orientamento e all'inclinazione dei tubi per garantire un flusso d'acqua costante.

3. **Installazione delle luci di crescita**: Se stai coltivando piante in un ambiente interno, le luci di crescita sono essenziali. Monta le luci a una distanza appropriata dalle piante per evitare bruciature e assicurati che coprano uniformemente tutta l'area di coltivazione. Le luci a LED a spettro completo sono generalmente preferibili per la loro efficienza energetica e la loro capacità di fornire una luce simile a quella del sole.

4. **Preparazione del substrato**: A seconda del tipo di sistema, potresti dover utilizzare un substrato di crescita come la lana di roccia, la perlite o la fibra di cocco. Il substrato fornisce supporto alle radici e aiuta a trattenere l'umidità e i nutrienti. Sterilizza il substrato prima dell'uso per prevenire la contaminazione da parassiti o malattie.

5. **Preparazione della soluzione nutritiva**: Misura e mescola i nutrienti in base alle esigenze specifiche delle tue piante. Utilizza un misuratore di pH e un misuratore di conducibilità elettrica (EC) per assicurarti che la soluzione sia bilanciata correttamente. Il pH ideale varia generalmente tra 5.5 e 6.5, mentre i livelli di EC dipendono dal tipo di piante coltivate.

6. **Riempimento del serbatoio**: Una volta preparata la soluzione nutritiva, riempi il serbatoio principale del sistema. Accendi le pompe e fai circolare la soluzione attraverso il sistema per assicurarti che non ci siano perdite e che il flusso d'acqua sia costante. Monitora attentamente il livello dell'acqua nei serbatoi e aggiungi soluzione nutritiva se necessario.

7. **Piantumazione**: Posiziona le piantine nel substrato o nei supporti di crescita, assicurandoti che le radici siano ben coperte ma non troppo compresse. Inizia con piantine di buona qualità, preferibilmente coltivate da semi in un ambiente controllato. Le piantine dovrebbero essere sane, prive di malattie e avere un apparato radicale ben sviluppato.

8. **Monitoraggio iniziale**: Nei primi giorni dopo l'avvio del sistema, monitora attentamente le condizioni ambientali e lo stato delle piante. Controlla regolarmente il pH e i livelli di EC della soluzione nutritiva, la temperatura e l'umidità. Osserva le piante per segni di stress o malattie e apporta le necessarie correzioni rapidamente.

L'installazione e l'avvio di un sistema idroponico possono sembrare complessi, ma con una pianificazione attenta e una gestione accurata, puoi creare un ambiente di crescita altamente efficiente e produttivo. Ricorda che un avvio corretto è la chiave per un giardino idroponico di successo, capace di offrire raccolti abbondanti e di alta qualità.

6.3 Controllo e monitoraggio iniziale

Il controllo e il monitoraggio iniziale del tuo sistema idroponico sono cruciali per assicurare che le piante crescano in modo sano e produttivo. Durante i primi giorni e settimane, è fondamentale prestare attenzione a vari aspetti del sistema per individuare e correggere eventuali problemi tempestivamente.

Il primo aspetto da monitorare è la **soluzione nutritiva**. Controlla regolarmente il pH e la conducibilità elettrica (EC) della soluzione. Il pH dovrebbe essere mantenuto tra 5.5 e 6.5, a seconda delle piante coltivate. Utilizza un misuratore di pH affidabile e calibralo regolarmente per assicurarti che le letture siano accurate. La conducibilità elettrica (EC) misura la concentrazione dei nutrienti nella soluzione. Valori di EC troppo alti possono indicare un eccesso di nutrienti, mentre valori troppo bassi possono indicare una carenza. Regola la concentrazione dei nutrienti secondo le specifiche esigenze delle tue piante, seguendo le raccomandazioni del produttore dei nutrienti.

Un altro elemento chiave è il **livello dell'acqua** nel serbatoio. Controlla quotidianamente che il serbatoio sia pieno e che le pompe funzionino correttamente. Le piante in sistemi idroponici dipendono da un apporto costante di acqua e nutrienti, quindi è essenziale evitare che il serbatoio si svuoti o che si verifichino interruzioni nel flusso d'acqua. Aggiungi acqua e nutrienti secondo necessità, mantenendo sempre la soluzione nutritiva fresca e bilanciata.

La **temperatura** è un altro fattore critico. La maggior parte delle piante prospera in un intervallo di temperatura tra 18-25°C. Utilizza termometri per monitorare la temperatura dell'aria e dell'acqua. Se la temperatura supera i limiti ottimali, considera l'uso di ventilatori, riscaldatori o refrigeratori per mantenere l'ambiente ideale. Le piante esposte a temperature estreme possono subire stress, rallentare la crescita o sviluppare malattie.

Anche l'**illuminazione** gioca un ruolo fondamentale nel successo del tuo sistema idroponico. Le luci di crescita devono essere regolate per fornire un'illuminazione adeguata e uniforme su tutte le piante. Le luci a LED a spettro completo sono generalmente preferibili per la loro efficienza energetica e la loro capacità di promuovere una crescita sana. Assicurati che le luci siano posizionate a una distanza adeguata dalle piante per evitare bruciature o crescita stentata. Monitora il ciclo di illuminazione, garantendo che le piante ricevano la quantità di luce necessaria per la fotosintesi e il riposo.

Osserva attentamente le **piante** per segni di stress o malattia. Le foglie gialle, appassite o macchiate possono indicare problemi di nutrienti, pH sbilanciato o malattie. Controlla regolarmente le radici: dovrebbero essere bianche e sane, senza segni di marciume o muffa. Se noti problemi, intervenire tempestivamente può fare la differenza. Rimuovi le foglie morte o danneggiate e assicurati che le piante abbiano spazio sufficiente per crescere senza competere per la luce e i nutrienti.

Infine, mantieni un registro dettagliato del **monitoraggio**. Annota i livelli di pH, EC, temperatura, e altre osservazioni quotidiane. Questo ti aiuterà a identificare tendenze e a fare aggiustamenti basati su dati concreti. Un registro accurato può anche essere utile per diagnosticare problemi ricorrenti e migliorare continuamente il tuo sistema.

In conclusione, il controllo e il monitoraggio iniziale sono fondamentali per assicurare un avvio senza intoppi del tuo sistema idroponico. Prestando attenzione ai dettagli e intervenendo rapidamente quando necessario, puoi creare un ambiente ottimale per le tue piante, garantendo una crescita sana e produttiva. Con un monitoraggio costante e una gestione attenta, il tuo giardino idroponico sarà ben avviato verso il successo.

In questo capitolo, abbiamo affrontato i passaggi essenziali per avviare correttamente un sistema idroponico, dalla progettazione iniziale all'installazione e al monitoraggio iniziale. Un avvio ben pianificato e accurato è fondamentale per garantire un ambiente di crescita ottimale e prevenire problemi futuri. Seguendo le linee guida fornite, potrai creare un sistema efficiente e produttivo, pronto a supportare la crescita rigogliosa delle tue piante. Con una solida base, il tuo giardino idroponico sarà ben avviato verso il successo e ti permetterà di ottenere raccolti abbondanti e di alta qualità.

CAPITOLO SETTIMO

Manutenzione del Sistema Idroponico

La manutenzione regolare è essenziale per garantire che il tuo sistema idroponico funzioni al massimo delle sue potenzialità e che le piante crescano in modo sano e produttivo. Un sistema ben mantenuto non solo prolunga la vita delle attrezzature, ma previene anche problemi che potrebbero compromettere la crescita delle piante. In questo capitolo, esploreremo le migliori pratiche per il monitoraggio delle piante, il controllo dei nutrienti e del pH, e la manutenzione delle attrezzature. Seguendo queste linee guida, potrai mantenere il tuo sistema idroponico in condizioni ottimali, garantendo raccolti costanti e di alta qualità. Prepariamoci a scoprire come mantenere il tuo giardino idroponico al meglio.

7.1 Monitoraggio delle piante

Il monitoraggio costante delle piante è una componente fondamentale per il successo del tuo sistema idroponico. Tenere sotto controllo la salute delle piante ti permette di identificare tempestivamente eventuali problemi e di intervenire rapidamente per correggerli. Ecco alcune pratiche chiave per un monitoraggio efficace.

Inizia osservando regolarmente le **foglie** delle tue piante. Le foglie sono spesso il primo indicatore della salute delle piante. Foglie verdi e vigorose indicano una crescita sana, mentre foglie ingiallite, appassite o macchiate possono segnalare problemi di nutrienti, pH sbilanciato, o malattie. Ad esempio, foglie ingiallite possono indicare una carenza di azoto, mentre macchie marroni possono essere sintomo di marciume o infezioni fungine.

Il **monitoraggio delle radici** è altrettanto importante. Le radici sane dovrebbero essere bianche e carnose. Radici marroni o nere, o che emettono un odore sgradevole, possono indicare problemi come marciume radicale o carenze di ossigeno. Controlla regolarmente le radici e assicurati che siano ben ossigenate. Nei sistemi come la Deep Water Culture (DWC), l'uso di pietre porose o aeratori aiuta a mantenere un livello ottimale di ossigeno disciolto nella soluzione nutritiva.

Un altro aspetto cruciale è il **controllo dei parassiti**. Anche in un sistema idroponico, le piante possono essere attaccate da parassiti come afidi, acari e mosche bianche. Controlla regolarmente le foglie, soprattutto la parte inferiore, per segni di infestazione. Utilizza metodi di controllo biologico come l'introduzione di insetti benefici (ad esempio, le coccinelle) o soluzioni organiche per tenere sotto controllo i parassiti senza danneggiare le piante.

La **temperatura e l'umidità** sono altri due fattori critici. Utilizza termometri e igrometri per monitorare costantemente questi parametri. La maggior parte delle piante prospera in un intervallo di temperatura tra 18-25°C e con un'umidità relativa tra il 50% e il 70%. Le variazioni eccessive possono causare stress alle piante e renderle più vulnerabili a malattie e parassiti.

Un buon **registro di monitoraggio** è uno strumento inestimabile. Annota regolarmente osservazioni sulle condizioni delle piante, sui parametri della soluzione nutritiva, e su eventuali interventi effettuati. Questo ti aiuterà a identificare tendenze e a fare aggiustamenti basati su dati concreti. Ad esempio, se noti che una particolare pianta sviluppa sintomi di carenza di nutrienti sempre nello stesso periodo, potrai modificare il regime nutritivo in anticipo per prevenire il problema.

Infine, il **ricambio dell'acqua** è essenziale. Cambia regolarmente l'acqua nel sistema per evitare l'accumulo di sali e contaminanti. Questo non solo aiuta a mantenere un equilibrio nutrizionale ottimale, ma previene anche la proliferazione di alghe e patogeni.

In sintesi, un monitoraggio attento e regolare delle tue piante ti permette di mantenere un ambiente di crescita ottimale e di intervenire tempestivamente per correggere eventuali problemi. Con queste pratiche, potrai garantire che il tuo giardino idroponico sia sempre in condizioni eccellenti, promuovendo una crescita sana e produttiva delle piante.

7.2 Controllo dei nutrienti e del pH

Il controllo accurato dei nutrienti e del pH è fondamentale per il successo del tuo sistema idroponico. Le piante crescono meglio quando ricevono il giusto bilanciamento di nutrienti in una soluzione con pH ottimale. Ecco alcune linee guida dettagliate per garantire che le tue piante ricevano ciò di cui hanno bisogno.

La **preparazione della soluzione nutritiva** è il primo passo. Utilizza nutrienti specifici per idroponica, che sono formulati per essere facilmente assorbiti dalle radici delle piante. Segui le istruzioni del produttore per mescolare la soluzione, assicurandoti di misurare accuratamente le quantità. La maggior parte delle soluzioni nutritive include una combinazione di macro e microelementi essenziali come azoto (N), fosforo (P), potassio (K), calcio (Ca), magnesio (Mg), e zolfo (S), oltre a tracce di ferro (Fe), manganese (Mn), zinco (Zn), rame (Cu), molibdeno (Mo), e boro (B).

Il **monitoraggio del pH** è altrettanto importante. Il pH della soluzione nutritiva influisce direttamente sulla disponibilità dei nutrienti per le piante. Un pH troppo alto o troppo basso può bloccare l'assorbimento di nutrienti essenziali, causando carenze. La maggior parte delle piante idroponiche prospera in un intervallo di pH compreso tra 5.5 e 6.5. Utilizza un misuratore di pH digitale per controllare regolarmente la soluzione. Se il pH è fuori dall'intervallo ottimale, usa soluzioni di pH Up o pH Down per correggerlo.

Il **controllo della conducibilità elettrica (EC)** è un altro parametro chiave. L'EC misura la concentrazione totale di sali disciolti nella soluzione nutritiva. Un'EC troppo alta indica un eccesso di nutrienti, che può causare bruciature alle radici e stress alle piante. Un'EC troppo bassa, invece, può significare che le piante non ricevono abbastanza nutrienti. I valori di EC ottimali variano a seconda delle piante coltivate, ma generalmente si situano tra 1.0 e 2.5 mS/cm. Utilizza un misuratore di EC per monitorare e regolare la soluzione nutritiva secondo necessità.

La **regolazione della soluzione nutritiva** è un processo continuo. Man mano che le piante crescono, consumano i nutrienti dalla soluzione, alterando il pH e l'EC. Aggiungi regolarmente acqua e nutrienti freschi per mantenere l'equilibrio. Cambia completamente la soluzione nutritiva ogni 1-2 settimane per prevenire l'accumulo di sali e altre impurità.

Il **riciclo della soluzione nutritiva** può essere una pratica sostenibile e vantaggiosa, soprattutto in sistemi di coltivazione su larga scala. Utilizza filtri e sterilizzatori UV per purificare la soluzione riciclata, eliminando patogeni e impurità senza perdere i nutrienti preziosi.

Un'altra pratica utile è il **monitoraggio visivo** delle piante. Oltre ai test di pH e EC, osserva regolarmente le piante per segni di carenze o eccessi di nutrienti. Foglie ingiallite, bordi bruciati, o crescita stentata possono indicare problemi nutrizionali. Ad esempio, la carenza di azoto si manifesta spesso con ingiallimento delle foglie più vecchie, mentre una carenza di potassio può causare macchie marroni e bordi bruciati sulle foglie.

Infine, mantenere un **registro dettagliato** del controllo dei nutrienti e del pH può aiutarti a identificare tendenze e a fare aggiustamenti tempestivi. Annota i valori di pH, EC, e le osservazioni visive quotidianamente. Questo ti permetterà di intervenire prontamente e di prevenire problemi prima che diventino gravi.

In conclusione, il controllo regolare dei nutrienti e del pH è essenziale per garantire una crescita sana e vigorosa delle piante nel tuo sistema idroponico. Con un monitoraggio attento e una gestione proattiva, potrai mantenere le tue piante in condizioni ottimali, massimizzando i raccolti e la qualità del tuo giardino idroponico.

7.3 Manutenzione delle attrezzature

La manutenzione delle attrezzature è una componente essenziale per garantire che il tuo sistema idroponico funzioni in modo efficiente e duraturo. Attrezzature ben mantenute non solo migliorano la produttività delle tue piante, ma riducono anche il rischio di guasti e problemi che potrebbero compromettere l'intero sistema. Ecco alcune pratiche fondamentali per la manutenzione delle attrezzature nel tuo sistema idroponico.

Pulizia regolare dei serbatoi e dei tubi: Una delle prime operazioni di manutenzione è la pulizia regolare dei serbatoi e dei tubi. Residui di nutrienti e alghe possono accumularsi nel tempo, riducendo l'efficienza del sistema e aumentando il rischio di contaminazioni. Svuota e pulisci i serbatoi almeno una volta al mese con una soluzione di acqua e aceto bianco o perossido di idrogeno per eliminare i depositi. Risciacqua bene per assicurarti che non rimangano residui chimici.

Manutenzione delle pompe: Le pompe sono il cuore del tuo sistema idroponico, responsabili di garantire un flusso costante di acqua e nutrienti. Controlla regolarmente le pompe per assicurarti che funzionino correttamente. Pulisci i filtri e le parti mobili per evitare ostruzioni e usura prematura. Lubrifica le parti meccaniche secondo le istruzioni del produttore per mantenere le pompe in condizioni ottimali.

Controllo delle luci di crescita: Le luci di crescita sono essenziali per il successo del tuo giardino idroponico, specialmente in ambienti interni. Controlla regolarmente che le luci funzionino correttamente e sostituisci le lampadine o i LED non funzionanti. Pulisci le superfici delle luci per rimuovere polvere e sporco, che possono ridurre l'efficienza luminosa. Assicurati che le luci siano posizionate alla giusta distanza dalle piante per evitare bruciature o crescita stentata.

Verifica dei sistemi di aerazione e ventilazione: Un buon sistema di aerazione e ventilazione è fondamentale per mantenere un ambiente di crescita sano. Controlla regolarmente che ventole e sistemi di aerazione funzionino correttamente. Pulisci i filtri dell'aria e sostituiscili se necessario per garantire un flusso d'aria pulito e costante. Assicurati che l'area di coltivazione sia ben ventilata per prevenire l'accumulo di umidità e la proliferazione di muffe e funghi.

Ispezione delle strutture di supporto: Le strutture di supporto, come tralicci e griglie, sono importanti per sostenere le piante man mano che crescono. Controlla regolarmente che siano stabili e non danneggiate. Ripara o sostituisci le parti danneggiate per evitare che le piante crollino o vengano danneggiate. Assicurati che le strutture di supporto siano ben ancorate e in grado di sostenere il peso delle piante mature.

Monitoraggio dei sensori e degli strumenti di controllo: Sensori e strumenti di controllo, come misuratori di pH, EC e termometri, sono cruciali per il monitoraggio delle condizioni del sistema. Calibra regolarmente questi strumenti per assicurarti che forniscano letture accurate. Pulisci i sensori per rimuovere eventuali residui che potrebbero interferire con le misurazioni. Sostituisci le batterie quando necessario per evitare interruzioni nel monitoraggio.

Manutenzione dei sistemi di irrigazione: Nei sistemi di irrigazione a goccia o NFT, è essenziale mantenere puliti i gocciolatori e i tubi per garantire un flusso costante di nutrienti. Ispeziona regolarmente i gocciolatori per assicurarti che non siano ostruiti. Utilizza soluzioni di pulizia specifiche per rimuovere eventuali depositi di nutrienti o alghe che potrebbero bloccare il flusso.

In conclusione, una manutenzione regolare e attenta delle attrezzature è fondamentale per il buon funzionamento del tuo sistema idroponico. Prendendoti cura delle tue attrezzature, non solo garantirai una crescita sana e rigogliosa delle tue piante, ma prolungherai anche la vita del tuo sistema, riducendo i costi di sostituzione e riparazione. Con un programma di manutenzione ben strutturato, il tuo giardino idroponico continuerà a prosperare, offrendoti raccolti abbondanti e di alta qualità.

In questo capitolo, abbiamo esplorato l'importanza della manutenzione regolare del tuo sistema idroponico per garantire una crescita sana e produttiva delle piante. Dall'osservazione attenta delle piante al controllo preciso dei nutrienti e del pH, fino alla cura delle attrezzature, ogni aspetto della manutenzione contribuisce a creare un ambiente di crescita ottimale. La costanza e l'attenzione ai dettagli ti permetteranno di prevenire problemi e di intervenire prontamente quando necessario, assicurando che il tuo giardino idroponico funzioni in modo efficiente e duraturo. Con un programma di manutenzione ben pianificato, sarai in grado di massimizzare i raccolti e di mantenere la qualità delle tue colture nel tempo.

CAPITOLO OTTAVO

Problemi Comuni e Come Risolverli

Anche con una pianificazione accurata e una manutenzione regolare, è inevitabile che si presentino dei problemi nel tuo sistema idroponico. La chiave per mantenere un giardino idroponico sano e produttivo è riconoscere e risolvere rapidamente questi problemi. In questo capitolo, affronteremo i problemi più comuni che possono sorgere, dai problemi di nutrienti e pH alle questioni legate all'acqua e all'ossigeno, fino ai parassiti e alle malattie. Ti forniremo strategie pratiche e soluzioni efficaci per affrontare ogni situazione, aiutandoti a mantenere il tuo sistema idroponico in condizioni ottimali. Prepariamoci dunque a esplorare i problemi più comuni e a scoprire come risolverli per garantire il successo del tuo giardino idroponico.

8.1 Problemi di nutrienti

I problemi di nutrienti sono tra le cause più comuni di stress e malattie nelle piante coltivate in sistemi idroponici. Riconoscere i sintomi di carenze ed eccessi di nutrienti è essenziale per mantenere le piante in salute. Ecco alcuni dei problemi di nutrienti più frequenti e come affrontarli.

Carenza di azoto (N): L'azoto è fondamentale per la crescita delle foglie e la sintesi delle proteine. Una carenza di azoto si manifesta con ingiallimento delle foglie più vecchie, crescita stentata e foglie pallide. Per risolvere questo problema, aggiungi un fertilizzante ricco di azoto alla soluzione nutritiva e assicurati che il pH sia nell'intervallo ottimale (5.5-6.5) per l'assorbimento dell'azoto.

Carenza di fosforo (P): Il fosforo è importante per la fioritura e la formazione delle radici. Una carenza di fosforo provoca foglie di colore viola o rosso scuro e crescita ridotta. Aggiungi un fertilizzante specifico per fosforo e verifica che il pH sia appropriato (5.5-6.5). Un aumento della temperatura dell'acqua può anche migliorare l'assorbimento del fosforo.

Carenza di potassio (K): Il potassio è essenziale per la regolazione dell'apertura stomatica e per la resistenza delle piante agli stress. La carenza di potassio causa bruciature ai bordi delle foglie, macchie marroni e una debolezza generale della pianta. Integra la soluzione nutritiva con un fertilizzante ad alto contenuto di potassio e controlla il pH.

Carenza di calcio (Ca): Il calcio è cruciale per la struttura cellulare delle piante. La carenza di calcio provoca necrosi apicale (marciume del fiore) nei pomodori e nei peperoni, e foglie deformate o arricciate. Aggiungi un fertilizzante contenente calcio e controlla il pH, mantenendolo tra 5.5 e 6.5. Assicurati anche che il sistema di irrigazione fornisca una distribuzione uniforme della soluzione nutritiva.

Carenza di magnesio (Mg): Il magnesio è un componente centrale della clorofilla, necessario per la fotosintesi. Una carenza di magnesio si manifesta con ingiallimento tra le venature delle foglie più vecchie, che rimangono verdi. Aggiungi un fertilizzante ricco di magnesio e verifica il pH della soluzione nutritiva.

Eccesso di nutrienti: Un eccesso di nutrienti può essere altrettanto dannoso quanto una carenza. Sintomi di sovralimentazione includono punte delle foglie bruciate, crescita stentata e accumulo di sali sulla superficie del substrato. Per correggere un eccesso di nutrienti, riduci la concentrazione della soluzione nutritiva e lava il substrato con acqua pulita per rimuovere l'eccesso di sali.

Monitoraggio e regolazione: Utilizza regolarmente misuratori di pH e EC per monitorare la soluzione nutritiva. Annota le letture e fai aggiustamenti basati sui sintomi osservati nelle piante. Una soluzione nutritiva ben bilanciata è fondamentale per prevenire e risolvere i problemi di nutrienti.
In conclusione, riconoscere e affrontare tempestivamente i problemi di nutrienti è cruciale per mantenere un giardino idroponico sano e produttivo. Con una gestione attenta e un monitoraggio regolare, potrai garantire che le tue piante ricevano tutti i nutrienti di cui hanno bisogno per crescere forti e rigogliose.

8.2 Problemi di pH

Il pH della soluzione nutritiva è uno dei fattori più critici nella coltivazione idroponica, poiché influisce direttamente sulla disponibilità e l'assorbimento dei nutrienti da parte delle piante. Un pH fuori dall'intervallo ottimale può causare carenze di nutrienti anche se questi sono presenti nella soluzione. Ecco come riconoscere e risolvere i problemi di pH.

Importanza del pH: La maggior parte delle piante idroponiche prospera con un pH compreso tra 5.5 e 6.5. Un pH troppo alto (alcalino) o troppo basso (acido) può limitare l'assorbimento di nutrienti chiave, portando a carenze nutrizionali e problemi di crescita.

Riconoscere i sintomi di pH sbilanciato:

- **pH troppo alto (alcalino)**: Foglie ingiallite, crescita stentata e carenze di nutrienti come ferro, manganese, e zinco. Le foglie possono sviluppare clorosi internervale (ingiallimento tra le vene).

- **pH troppo basso (acido)**: Bruciature alle punte delle foglie, carenze di calcio e magnesio, e potenziale tossicità di alcuni micronutrienti come il manganese. Le radici possono apparire bruciate o nere.

Misurazione del pH: Utilizza un misuratore di pH digitale per controllare regolarmente la soluzione nutritiva. Calibra il misuratore di pH secondo le istruzioni del produttore per assicurarti che le letture siano accurate. È buona pratica misurare il pH almeno una volta al giorno, specialmente durante le fasi di crescita attiva delle piante.

Regolazione del pH: Per aumentare o diminuire il pH della soluzione nutritiva, utilizza prodotti specifici come pH Up e pH Down, disponibili presso i negozi di forniture per l'idroponica. Aggiungi questi prodotti alla soluzione nutritiva in piccole quantità, mescolando bene e misurando il pH dopo ogni aggiunta fino a raggiungere il livello desiderato. È importante apportare modifiche gradualmente per evitare stress alle piante.

Stabilizzare il pH: Alcuni substrati di crescita e additivi possono influenzare il pH della soluzione nutritiva. Ad esempio, la lana di roccia può inizialmente aumentare il pH, mentre la fibra di cocco può abbassarlo. Pretratta questi substrati immergendoli in una soluzione di pH stabilizzato prima dell'uso. Inoltre, alcuni prodotti stabilizzatori di pH possono aiutare a mantenere il pH stabile nel tempo.

Utilizzo di tamponi di pH: I tamponi di pH sono soluzioni che aiutano a mantenere il pH stabile anche quando vengono aggiunti nutrienti o acqua. Possono essere particolarmente utili in sistemi idroponici su larga scala o in situazioni in cui il pH tende a fluttuare frequentemente.

Monitoraggio continuo: Integrare il monitoraggio del pH con il monitoraggio della conducibilità elettrica (EC) per ottenere un quadro completo della salute della soluzione nutritiva. Mantieni un registro delle letture di pH e EC per identificare tendenze e fare aggiustamenti proattivi. Se noti fluttuazioni inspiegabili nel pH, verifica la qualità dell'acqua di partenza e la stabilità dei nutrienti utilizzati.

Risoluzione dei problemi di pH:

- Se il pH continua a fluttuare, esamina tutte le componenti del sistema, inclusi i substrati, i nutrienti, e la qualità dell'acqua. Potrebbe essere necessario sostituire alcuni elementi o aggiungere stabilizzatori.

- In caso di pH persistentemente alto o basso, considera un cambiamento completo della soluzione nutritiva. Questo può aiutare a ristabilire un equilibrio e a rimuovere eventuali contaminanti che influenzano il pH.

In conclusione, il controllo del pH è essenziale per mantenere un ambiente idroponico sano e produttivo. Con un monitoraggio regolare e una gestione proattiva, puoi prevenire i problemi di pH e assicurare che le tue piante ricevano tutti i nutrienti di cui hanno bisogno per crescere rigogliose.

8.3 Problemi legati all'acqua e all'ossigeno

L'acqua è il componente principale di un sistema idroponico e gioca un ruolo fondamentale nel trasporto dei nutrienti alle piante. Tuttavia, la qualità dell'acqua e la quantità di ossigeno disciolto possono avere un impatto significativo sulla salute delle piante. Problemi legati all'acqua e all'ossigeno sono comuni, ma con una buona gestione, possono essere facilmente risolti.

Uno dei problemi più frequenti è l'utilizzo di acqua di bassa qualità. L'acqua del rubinetto, ad esempio, può contenere alti livelli di cloro, cloramina o metalli pesanti che possono danneggiare le piante. Per migliorare la qualità dell'acqua, considera l'uso di filtri a carbone attivo o sistemi di osmosi inversa per rimuovere le impurità. Inoltre, lasciare l'acqua a riposo per 24 ore permette al cloro di evaporare, rendendola più sicura per le piante.

Un altro aspetto critico è la temperatura dell'acqua. L'acqua troppo calda o troppo fredda può stressare le piante e influenzare l'assorbimento dei nutrienti. Idealmente, la temperatura dell'acqua dovrebbe essere mantenuta tra 18 e 24°C. Utilizzare termometri per monitorare la temperatura e, se necessario, ricorrere a riscaldatori o refrigeratori per mantenere l'acqua nel range ottimale.

L'ossigenazione dell'acqua è altrettanto importante. Le radici delle piante necessitano di ossigeno per respirare e assorbire efficacemente i nutrienti. Nei sistemi come la Deep Water Culture (DWC), l'ossigenazione è critica. L'uso di pietre porose e aeratori aiuta a mantenere un livello adeguato di ossigeno disciolto. Controlla regolarmente che gli aeratori funzionino correttamente e che le pietre porose non siano ostruite. Un segnale di problemi legati all'ossigeno è il marciume radicale, che si manifesta con radici marroni o nere e un odore sgradevole. Questo problema può essere aggravato da un eccesso di umidità e da una scarsa aerazione. Per prevenire il marciume radicale, assicurati che le radici siano ben ossigenate e che il substrato di crescita non trattenga troppa acqua. In caso di marciume radicale, rimuovi le radici danneggiate e tratta le piante con soluzioni antimicotiche.

L'accumulo di sali è un altro problema comune. Con il tempo, i nutrienti possono cristallizzarsi e accumularsi nel substrato o nei serbatoi, influenzando negativamente l'assorbimento dei nutrienti. Lavare periodicamente il sistema con acqua pulita aiuta a prevenire l'accumulo di sali. Un cambio regolare della soluzione nutritiva ogni 1-2 settimane è una buona pratica per mantenere l'equilibrio nutrizionale e la salute delle piante.

La circolazione dell'acqua è cruciale per garantire che tutti i nutrienti raggiungano le radici delle piante. Assicurati che le pompe e i tubi siano liberi da ostruzioni e funzionino correttamente. Un flusso d'acqua costante aiuta a prevenire la stagnazione e la proliferazione di alghe e batteri. Se noti che il flusso d'acqua rallenta, controlla e pulisci immediatamente le pompe e i filtri.

In sintesi, la gestione dell'acqua e dell'ossigeno è essenziale per il successo del tuo sistema idroponico. Monitorare la qualità dell'acqua, mantenere la temperatura ideale, assicurare una buona ossigenazione e prevenire l'accumulo di sali sono tutti fattori chiave per mantenere le tue piante sane e produttive. Con una gestione attenta e proattiva, puoi evitare molti dei problemi comuni legati all'acqua e all'ossigeno, garantendo un ambiente di crescita ottimale per le tue piante.

8.4 Parassiti e malattie

Gestire parassiti e malattie è una sfida comune in ogni sistema di coltivazione, e l'idroponica non fa eccezione. Tuttavia, con una gestione proattiva e l'uso di pratiche preventive, è possibile minimizzare i rischi e mantenere le piante sane. In questo sottocapitolo, esploreremo i parassiti e le malattie più comuni nei sistemi idroponici e forniremo strategie efficaci per prevenirli e controllarli.

Parassiti comuni

1. **Afidi**: Gli afidi sono piccoli insetti che si nutrono della linfa delle piante, causando ingiallimento e deformazione delle foglie. Si riproducono rapidamente e possono trasmettere virus. Per controllarli, puoi utilizzare saponi insetticidi o olio di neem. Introdurre predatori naturali come le coccinelle può essere un metodo biologico efficace per ridurre la popolazione di afidi.

2. **Acari**: Gli acari, come gli acari del ragno, causano danni alle foglie, che appaiono punteggiate di giallo o bronzo. Sono difficili da vedere ad occhio nudo, ma le ragnatele che lasciano dietro di loro sono un chiaro segno della loro presenza. I miticidi possono essere utilizzati per trattare le infestazioni, e la nebulizzazione regolare delle piante con acqua può aiutare a prevenire la proliferazione degli acari.
3. **Mosche bianche**: Le mosche bianche succhiano la linfa dalle foglie e possono trasmettere malattie virali. Si trovano comunemente sulla parte inferiore delle foglie. Trattamenti con saponi insetticidi o oli orticoli possono essere efficaci. Utilizzare trappole appiccicose gialle aiuta a monitorare e ridurre la popolazione.
4. **Tripidi**: I tripidi danneggiano le piante perforando le cellule fogliari e succhiando il contenuto, causando macchie argentate o striate sulle foglie. Gli insetticidi specifici per tripidi possono essere utilizzati, e l'introduzione di insetti benefici come l'oricorrina (Orius insidiosus) può aiutare a controllare questi parassiti.

Malattie comuni

1. **Muffa grigia (Botrytis cinerea)**: Questa malattia fungina provoca macchie marroni e marciume sulle foglie, fiori e frutti. Si sviluppa in condizioni di alta umidità e scarsa circolazione dell'aria. La prevenzione include una buona ventilazione, la rimozione delle parti infette delle piante e l'uso di fungicidi appropriati.

2. **Oidio**: L'oidio si manifesta come una polvere bianca sulle foglie e sui germogli. Favorito da umidità elevata e ventilazione inadeguata, può essere controllato con fungicidi specifici e migliorando la circolazione dell'aria. Evitare l'irrigazione delle foglie e mantenere le piante ben distanziate può aiutare a prevenire l'oidio.

3. **Marciume radicale**: Il marciume radicale è causato da funghi come Pythium e Phytophthora, che attaccano le radici delle piante. Le radici infette diventano marroni o nere e si decompongono. Per prevenire questa malattia, è essenziale mantenere una buona ossigenazione delle radici e utilizzare prodotti antimicotici specifici. Evitare l'eccesso di irrigazione e mantenere la temperatura dell'acqua adeguata sono misure preventive efficaci.

4. **Peronospora**: Questa malattia colpisce principalmente le foglie, causando macchie gialle o marroni e una muffa bianca sul lato inferiore. La peronospora prospera in condizioni di umidità elevata. Trattamenti con fungicidi e una buona gestione dell'umidità possono aiutare a controllare questa malattia.

Pratiche preventive

Una gestione proattiva è la chiave per prevenire parassiti e malattie. Ecco alcune pratiche preventive essenziali:

1. **Ispezione regolare**: Controlla le piante quotidianamente per segni di parassiti o malattie. Intervenire tempestivamente può prevenire la diffusione dell'infestazione o dell'infezione.
2. **Pulizia e sanificazione**: Mantieni pulito l'ambiente di crescita, eliminando detriti vegetali e pulendo regolarmente le attrezzature. Disinfetta gli strumenti tra un uso e l'altro per prevenire la trasmissione di agenti patogeni.
3. **Rotazione delle colture**: Se possibile, ruota le colture per prevenire l'accumulo di patogeni specifici nel sistema. Utilizzare colture diverse può interrompere il ciclo vitale di molti parassiti e malattie.
4. **Ventilazione**: Assicurati che ci sia una buona circolazione dell'aria per ridurre l'umidità e prevenire la formazione di muffe. L'uso di ventilatori e l'apertura regolare di finestre o porte può migliorare la ventilazione.

5. **Quarantena delle nuove piante**: Prima di introdurre nuove piante nel sistema, tienile in quarantena per un periodo per assicurarti che non siano infestate o infette.

In conclusione, la gestione di parassiti e malattie richiede un approccio integrato che combina pratiche preventive, monitoraggio regolare e interventi tempestivi. Con una gestione attenta e proattiva, è possibile mantenere un sistema idroponico sano e produttivo, minimizzando i rischi associati a parassiti e malattie.

In questo capitolo, abbiamo esaminato i problemi comuni che possono sorgere nei sistemi idroponici e come affrontarli efficacemente. Dalla gestione dei nutrienti e del pH, alla risoluzione dei problemi legati all'acqua e all'ossigeno, fino alla prevenzione e al controllo di parassiti e malattie, ogni aspetto richiede attenzione e interventi tempestivi. Con una comprensione approfondita di questi problemi e delle strategie per risolverli, sei meglio equipaggiato per mantenere un ambiente di crescita ottimale e garantire il successo del tuo giardino idroponico. La chiave è un monitoraggio costante, una manutenzione regolare e un approccio proattivo alla gestione delle colture. In questo modo, potrai prevenire molte delle complicazioni comuni e assicurare che le tue piante crescano sane e rigogliose, offrendo raccolti abbondanti e di alta qualità.

CAPITOLO NONO

Sistemi idroponici Avanzati

Dopo aver acquisito familiarità con i principi di base e le pratiche essenziali dell'idroponica, è naturale voler esplorare soluzioni più avanzate per ottimizzare la crescita delle piante e aumentare la produttività. I sistemi idroponici avanzati offrono innovazioni tecnologiche e tecniche che possono portare il tuo giardino idroponico a un livello superiore. In questo capitolo, esamineremo alcune delle tecnologie e delle metodologie più sofisticate disponibili, inclusi i sistemi verticali, l'idroponica automatizzata e i sistemi ibridi come l'acquaponica. Queste soluzioni non solo migliorano l'efficienza ma possono anche ridurre l'impatto ambientale e ottimizzare l'uso delle risorse. Prepariamoci a esplorare queste tecnologie avanzate e a scoprire come possono trasformare il tuo approccio all'idroponica.

9.1 Sistemi verticali

I sistemi idroponici verticali rappresentano una delle innovazioni più interessanti nel campo dell'agricoltura urbana e della coltivazione intensiva. Sfruttando lo spazio verticale, questi sistemi permettono di coltivare un numero maggiore di piante in un'area ridotta, ottimizzando l'uso dello spazio e migliorando la produttività. Ecco come funzionano e quali sono i loro vantaggi principali.

Uno dei principali vantaggi dei sistemi verticali è la **massimizzazione dello spazio**. Invece di estendersi orizzontalmente, le piante crescono su strutture verticali, come torri, scaffali o pareti verdi. Questo approccio è particolarmente utile in ambienti urbani o in spazi limitati, dove ogni metro quadrato conta. Ad esempio, una torre idroponica può ospitare centinaia di piante in uno spazio che altrimenti potrebbe accogliere solo una dozzina di vasi tradizionali.

I sistemi verticali utilizzano vari metodi per fornire acqua e nutrienti alle piante. Alcuni dei più comuni includono il **Nutrient Film Technique (NFT)**, dove una pellicola sottile di soluzione nutritiva scorre continuamente sulle radici delle piante, e i **sistemi di gocciolamento**, che forniscono nutrienti direttamente alle radici attraverso un sistema di tubi e gocciolatori. Questi metodi garantiscono un apporto costante e uniforme di nutrienti, migliorando la crescita e la salute delle piante.

Un altro vantaggio dei sistemi verticali è la **migliore gestione dell'acqua**. Poiché l'acqua viene ricircolata e riutilizzata, questi sistemi sono molto efficienti dal punto di vista idrico. L'acqua in eccesso che non viene assorbita dalle piante fluisce verso il basso, dove viene raccolta e pompata nuovamente verso l'alto. Questo ciclo continuo riduce significativamente gli sprechi d'acqua, rendendo i sistemi verticali una scelta ecologica e sostenibile.

I sistemi verticali possono anche migliorare la **qualità dell'aria e dell'ambiente interno**. Le piante assorbono anidride carbonica e rilasciano ossigeno, contribuendo a purificare l'aria. Inoltre, le pareti verdi possono agire come isolanti naturali, riducendo il rumore e migliorando l'efficienza energetica degli edifici.

Implementare un sistema verticale richiede una buona pianificazione e l'uso di attrezzature adeguate. È essenziale scegliere una struttura robusta e resistente che possa sostenere il peso delle piante e della soluzione nutritiva. Inoltre, è importante assicurarsi che le piante ricevano una luce sufficiente, utilizzando luci di crescita a LED se necessario. La gestione del flusso d'acqua e dei nutrienti deve essere precisa per evitare problemi di sovra o sotto-irrigazione.

Infine, i sistemi verticali offrono opportunità per l'automazione. Sensori e controllori possono monitorare e regolare automaticamente i livelli di nutrienti, il pH e l'illuminazione, riducendo il lavoro manuale e migliorando la consistenza dei risultati. L'uso di tecnologie avanzate come l'Internet of Things (IoT) consente di controllare e monitorare il sistema da remoto, ottimizzando ulteriormente la gestione delle colture.

In conclusione, i sistemi idroponici verticali rappresentano una soluzione innovativa ed efficiente per la coltivazione intensiva, particolarmente adatta agli ambienti urbani e agli spazi limitati. Con la loro capacità di massimizzare lo spazio, gestire efficacemente l'acqua e migliorare l'ambiente, offrono numerosi vantaggi per chiunque desideri ottimizzare la produzione e la qualità delle colture idroponiche.

9.2 Idroponica automatizzata

L'automazione nell'idroponica rappresenta un'innovazione significativa, capace di trasformare un sistema tradizionale in una coltivazione ad alta efficienza e bassa manutenzione. Integrando sensori, controllori e software avanzati, l'idroponica automatizzata permette un controllo preciso delle condizioni di crescita, riducendo al minimo l'intervento umano e massimizzando la produttività.

Un sistema idroponico automatizzato inizia con la **sensorizzazione**. I sensori monitorano vari parametri cruciali come il pH, la conducibilità elettrica (EC), la temperatura dell'acqua, l'umidità relativa e l'intensità luminosa. Questi sensori inviano dati in tempo reale a un controllore centrale o a una piattaforma software, che elabora le informazioni e regola automaticamente il sistema per mantenere le condizioni ottimali. Ad esempio, se il pH della soluzione nutritiva varia dal range ottimale, il sistema può aggiungere automaticamente soluzioni di pH Up o pH Down per correggerlo.

L'automazione si estende anche alla **gestione dei nutrienti**. Dosatori automatici possono misurare e miscelare nutrienti con precisione, assicurando che le piante ricevano esattamente ciò di cui hanno bisogno in ogni fase del loro ciclo di crescita. Questo non solo riduce gli sprechi di nutrienti ma previene anche problemi legati a carenze o eccessi nutritivi. La regolazione automatica dei nutrienti può essere programmata per adattarsi alle esigenze specifiche di diverse colture, ottimizzando la crescita e la resa.

Un altro aspetto critico dell'idroponica automatizzata è la **gestione dell'irrigazione**. Timer e sensori di umidità del substrato possono controllare quando e quanto irrigare, garantendo che le piante ricevano un apporto d'acqua costante e adeguato. Nei sistemi a Drip o NFT, l'automazione dell'irrigazione assicura che la soluzione nutritiva scorra continuamente o a intervalli ottimali, evitando sia la sovra-irrigazione che la siccità.

L'illuminazione è un altro componente che può essere automatizzato. Le luci di crescita a LED possono essere programmate per simulare il ciclo naturale del giorno e della notte, o per fornire spettro luminoso specifico in base alla fase di crescita delle piante. Sensori di luce possono monitorare l'intensità luminosa e regolare automaticamente le luci per garantire che le piante ricevano la quantità ideale di luce. Questo è particolarmente utile in ambienti chiusi dove la luce naturale è limitata.

La **circolazione dell'aria e la ventilazione** possono anche essere controllate automaticamente. Ventilatori e sistemi di estrazione possono essere collegati a sensori di umidità e temperatura, accendendosi o spegnendosi per mantenere un ambiente ottimale. Una buona circolazione dell'aria previene problemi come la muffa e favorisce una crescita sana delle piante.

Un sistema idroponico completamente automatizzato può essere gestito e monitorato da remoto tramite applicazioni mobili o piattaforme online. Questo livello di controllo remoto offre la comodità di monitorare il sistema da qualsiasi luogo, ricevere notifiche di allarmi e fare aggiustamenti in tempo reale. Inoltre, i dati storici raccolti dai sensori possono essere analizzati per migliorare continuamente le pratiche di coltivazione e prevedere eventuali problemi.

L'automazione può anche includere la **gestione dei sistemi di backup**. In caso di interruzioni di corrente, sistemi di alimentazione di riserva come batterie o generatori possono entrare in funzione automaticamente per garantire che le piante non subiscano danni. Sistemi di allarme possono notificare immediatamente l'utente in caso di guasti, permettendo una risposta rapida.

In conclusione, l'idroponica automatizzata rappresenta il futuro della coltivazione senza suolo, offrendo numerosi vantaggi in termini di efficienza, produttività e comodità. Integrando sensori, controllori e software avanzati, è possibile mantenere condizioni di crescita ottimali in modo continuo e preciso, riducendo al minimo l'intervento umano e massimizzando la resa delle colture. Con l'automazione, anche i coltivatori con poca esperienza possono ottenere risultati professionali, trasformando il modo in cui coltiviamo le piante.

9.3 Sistemi ibridi e acquaponica

I sistemi ibridi e l'acquaponica rappresentano un'ulteriore evoluzione delle tecniche di coltivazione idroponica, combinando diversi approcci per massimizzare l'efficienza e la sostenibilità. Questi sistemi offrono una sinergia tra l'idroponica e altre metodologie, creando ambienti di crescita integrati che possono produrre sia piante che pesci in modo sostenibile.

Acquaponica: L'acquaponica è un sistema ibrido che combina l'acquacoltura (allevamento di pesci) con l'idroponica (coltivazione di piante senza suolo). In un sistema acquaponico, i rifiuti prodotti dai pesci forniscono nutrienti naturali per le piante. Le piante, a loro volta, filtrano e purificano l'acqua, che viene poi ricircolata nel sistema di allevamento dei pesci. Questo ciclo chiuso crea un ecosistema simbiotico che può essere estremamente efficiente e sostenibile.

L'acquaponica offre diversi vantaggi. Innanzitutto, riduce la necessità di aggiungere nutrienti chimici, poiché i rifiuti dei pesci forniscono una fonte naturale di nutrienti. Questo non solo riduce i costi, ma rende anche il sistema più ecologico. Inoltre, l'acquaponica utilizza significativamente meno acqua rispetto all'agricoltura tradizionale, poiché l'acqua viene continuamente riciclata. La combinazione di colture di pesci e piante permette anche di diversificare le fonti di reddito per i coltivatori.

Implementare un sistema acquaponico richiede una pianificazione attenta. È essenziale mantenere un equilibrio tra la quantità di pesci e piante per garantire che entrambi possano prosperare. Monitorare i parametri dell'acqua, come il pH, l'ammoniaca, i nitrati e i nitriti, è cruciale per la salute dei pesci e delle piante. Un buon sistema di filtrazione è fondamentale per rimuovere i solidi dai rifiuti dei pesci prima che l'acqua venga reintrodotta nel sistema idroponico.

Sistemi ibridi: Oltre all'acquaponica, esistono altri sistemi ibridi che combinano diverse tecniche idroponiche per ottimizzare la crescita delle piante. Ad esempio, un sistema può combinare la Nutrient Film Technique (NFT) con la Deep Water Culture (DWC) per beneficiare dei vantaggi di entrambi. In un sistema ibrido NFT-DWC, le piante ricevono una pellicola sottile di soluzione nutritiva (NFT) mentre le radici inferiori sono immerse in una soluzione ossigenata (DWC). Questo approccio può migliorare l'assorbimento dei nutrienti e l'ossigenazione delle radici, promuovendo una crescita più vigorosa.

Un altro esempio di sistema ibrido è la combinazione di aeroponica e idroponica tradizionale. Nell'aeroponica, le radici delle piante sono sospese in aria e nebulizzate con una soluzione nutritiva, offrendo un'elevata efficienza nell'uso dei nutrienti e dell'acqua. Integrando questo con un sistema idroponico, è possibile beneficiare della crescita rapida e della bassa manutenzione dell'aeroponica, insieme alla stabilità e alla facilità di gestione dell'idroponica tradizionale.

I sistemi ibridi offrono anche opportunità per l'innovazione tecnologica. Sensori avanzati e controllori possono monitorare e regolare i diversi componenti del sistema in tempo reale, ottimizzando le condizioni di crescita per le piante e i pesci. L'uso di tecnologie come l'Internet of Things (IoT) e l'intelligenza artificiale (AI) può ulteriormente migliorare l'efficienza e la produttività dei sistemi ibridi.

In conclusione, i sistemi ibridi e l'acquaponica rappresentano il futuro della coltivazione sostenibile, combinando i vantaggi dell'idroponica con altre tecniche innovative. Questi approcci non solo migliorano l'efficienza e la produttività, ma promuovono anche pratiche agricole più ecologiche e sostenibili. Con una pianificazione attenta e l'uso delle tecnologie avanzate, i coltivatori possono creare ambienti di crescita integrati che massimizzano i benefici per le piante, i pesci e l'ambiente.

In questo capitolo, abbiamo esplorato le innovazioni avanzate nel campo dell'idroponica, dai sistemi verticali all'idroponica automatizzata e ai sistemi ibridi come l'acquaponica. Questi approcci offrono nuove opportunità per migliorare l'efficienza, la produttività e la sostenibilità della coltivazione senza suolo. I sistemi verticali massimizzano l'uso dello spazio, rendendoli ideali per ambienti urbani e spazi limitati. L'automazione permette un controllo preciso delle condizioni di crescita, riducendo la necessità di interventi manuali e migliorando i risultati. Infine, i sistemi ibridi e l'acquaponica combinano tecniche diverse per creare ambienti di crescita integrati che beneficiano sia le piante che i pesci. Con queste tecnologie avanzate, i coltivatori possono spingere i confini della coltivazione idroponica, ottenendo raccolti abbondanti e di alta qualità in modo più sostenibile ed efficiente.

CAPITOLO DECIMO

Espansione e Sviluppo

L'espansione e lo sviluppo di un sistema idroponico rappresentano una fase emozionante e strategica per ogni coltivatore. Dopo aver padroneggiato le basi e implementato tecniche avanzate, è naturale voler ampliare le operazioni per aumentare la produttività e esplorare nuove opportunità. In questo capitolo, esamineremo come espandere il tuo giardino idroponico, adottare innovazioni tecnologiche future e considerare la transizione verso una produzione commerciale. Che tu voglia semplicemente aumentare la capacità del tuo sistema domestico o avviare una serra su larga scala, troverai consigli pratici e strategie per fare il passo successivo con successo.

10.1 Espansione del tuo giardino idroponico

Espandere il tuo giardino idroponico rappresenta un'opportunità entusiasmante per aumentare la tua produzione e migliorare le tecniche di coltivazione. La prima cosa da considerare è lo spazio disponibile. Se stai coltivando in casa, potresti dover essere creativo nell'uso dello spazio verticale o nell'installazione di scaffalature multiple. Se hai un giardino esterno o una serra, considera come ottimizzare ogni metro quadrato per ottenere il massimo rendimento.

Un metodo efficace per l'espansione è l'uso di **strutture verticali**. I sistemi idroponici verticali ti permettono di coltivare più piante in uno spazio ridotto, utilizzando torri o pareti verdi. Questi sistemi sono ideali per piante a foglia verde come lattuga, spinaci ed erbe aromatiche. Le torri verticali possono essere facilmente integrate nel tuo sistema esistente, migliorando l'efficienza dell'uso dello spazio. Inoltre, possono essere costruite con materiali leggeri e modulari, rendendo l'espansione più semplice e scalabile.

La scelta dell'attrezzatura è cruciale. Quando espandi, assicurati di utilizzare **sistemi modulari** che possano essere facilmente collegati a quelli esistenti. Questo rende l'espansione meno complicata e riduce il rischio di incompatibilità tra vecchi e nuovi componenti. Considera anche l'aggiornamento delle tue pompe e dei serbatoi per gestire il carico aggiuntivo di nutrienti e acqua. Una pompa più potente può garantire che tutte le piante ricevano una quantità adeguata di soluzione nutritiva, mentre serbatoi più grandi riducono la frequenza delle ricariche.

L'illuminazione è un altro fattore fondamentale nell'espansione del tuo giardino idroponico. L'aggiunta di luci a LED a spettro completo può migliorare la crescita delle piante, specialmente in aree con luce naturale limitata. Le luci a LED sono efficienti dal punto di vista energetico e possono essere facilmente scalate per coprire nuove aree di coltivazione. Assicurati che le luci siano distribuite uniformemente per evitare ombre e garantire che tutte le piante ricevano una quantità adeguata di luce.

Con l'aumento delle dimensioni del sistema, la **gestione delle risorse** diventa più complessa. È importante pianificare come fornire acqua e nutrienti in modo efficiente. Potresti considerare l'installazione di un sistema di irrigazione automatizzato con timer e sensori per monitorare i livelli di umidità e nutrienti. Questo ti permetterà di mantenere condizioni ottimali senza dover intervenire manualmente costantemente.

Il monitoraggio e la manutenzione del sistema sono essenziali per il successo dell'espansione. Aggiungi sensori per monitorare parametri critici come pH, conducibilità elettrica (EC), temperatura e umidità. Un sistema di automazione centralizzato può aiutarti a gestire questi parametri in tempo reale, inviando notifiche se qualcosa va storto. Questo riduce il rischio di errori umani e migliora l'efficienza complessiva del sistema.

Oltre agli aspetti tecnici, considera l'**aspetto logistico** dell'espansione. Aumentare la produzione significa anche gestire una quantità maggiore di materiali di consumo come nutrienti, substrati di crescita e contenitori. Organizza lo spazio di stoccaggio per questi materiali in modo da avere tutto ciò che ti serve a portata di mano. Pianifica anche la gestione dei rifiuti, come le piante scartate e i contenitori usati, per mantenere l'area di coltivazione pulita e ordinata.

Infine, l'espansione del tuo giardino idroponico può anche essere un'opportunità per sperimentare nuove tecniche e colture. Prova a coltivare varietà di piante diverse o ad adottare nuove tecniche di coltivazione come l'aeroponica o l'acquaponica. Questi esperimenti possono non solo aumentare la tua produttività, ma anche arricchire la tua esperienza e conoscenza nel campo dell'idroponica.

In conclusione, espandere il tuo giardino idroponico richiede una pianificazione attenta e una gestione strategica. Con le giuste attrezzature, una gestione efficace delle risorse e un monitoraggio costante, puoi aumentare significativamente la tua capacità di coltivazione e migliorare i risultati complessivi. L'espansione offre anche l'opportunità di esplorare nuove tecniche e colture, rendendo il tuo giardino idroponico più versatile e produttivo.

10.2 Innovazioni e tecnologie future

Il campo dell'idroponica è in continua evoluzione, con nuove tecnologie e innovazioni che promettono di rivoluzionare la coltivazione senza suolo. Queste innovazioni non solo migliorano l'efficienza e la produttività, ma rendono anche l'idroponica più sostenibile e accessibile. In questo sottocapitolo, esploreremo alcune delle tecnologie più promettenti che stanno emergendo nel settore dell'idroponica.

Una delle innovazioni più significative è l'**integrazione dell'intelligenza artificiale (AI)** e dell'**Internet of Things (IoT)** nei sistemi idroponici. Queste tecnologie consentono un monitoraggio e un controllo precisi delle condizioni di crescita, riducendo al minimo l'intervento umano. Sensori IoT possono monitorare parametri critici come pH, EC, temperatura, umidità e livello di luce in tempo reale. I dati raccolti dai sensori vengono analizzati da algoritmi di intelligenza artificiale che possono prevedere le esigenze delle piante e ottimizzare automaticamente le condizioni di crescita. Ad esempio, se i sensori rilevano che il pH è fuori dall'intervallo ottimale, il sistema può aggiungere automaticamente soluzioni di pH Up o pH Down per correggerlo. Questa automazione avanzata migliora significativamente l'efficienza e la produttività del sistema idroponico. Un'altra area promettente è l'**uso di droni per il monitoraggio e la gestione delle colture**. I droni dotati di sensori multispettrali possono sorvolare le coltivazioni e fornire immagini dettagliate delle piante. Queste immagini possono essere analizzate per identificare problemi come carenze di nutrienti, infestazioni di parassiti o malattie. I droni possono anche essere utilizzati per applicare trattamenti specifici, come pesticidi biologici o nutrienti, direttamente sulle piante che ne hanno bisogno. Questo approccio mirato riduce l'uso di prodotti chimici e migliora la salute generale delle colture.

Le **luci LED avanzate** rappresentano un'altra innovazione significativa. Le luci LED a spettro completo possono simulare l'esatto spettro di luce solare necessario per diverse fasi di crescita delle piante. Queste luci possono essere programmate per cambiare il loro spettro durante il ciclo di crescita, ottimizzando la fotosintesi e migliorando la qualità dei raccolti. Le luci LED sono anche più efficienti dal punto di vista energetico rispetto alle lampade tradizionali, riducendo i costi operativi e l'impatto ambientale.

La **biotecnologia** sta anche giocando un ruolo importante nello sviluppo di varietà di piante specificamente adattate per la coltivazione idroponica. I ricercatori stanno lavorando per creare varietà di piante con radici più efficienti nell'assorbimento dei nutrienti, resistenza a malattie comuni e crescita più rapida. Queste piante geneticamente migliorate possono aumentare significativamente la produttività e ridurre i rischi associati alla coltivazione.

Un'altra innovazione interessante è l'**uso di materiali sostenibili** e **riciclabili** per la costruzione di sistemi idroponici. I nuovi materiali possono ridurre l'impatto ambientale della produzione di attrezzature idroponiche e migliorare la sostenibilità complessiva del sistema. Ad esempio, alcuni produttori stanno sviluppando substrati di crescita biodegradabili o riciclabili che possono essere utilizzati al posto dei substrati tradizionali come la lana di roccia o la perlite.

L'**acquaponica avanzata** è un'altra area in cui stiamo vedendo progressi significativi. L'integrazione di tecnologie avanzate nell'acquaponica può migliorare l'efficienza e la produttività di questi sistemi ibridi. Ad esempio, l'uso di biofiltri avanzati può migliorare la qualità dell'acqua e ridurre la necessità di interventi manuali. Inoltre, l'automazione del monitoraggio e della gestione dei nutrienti può ottimizzare la crescita sia delle piante che dei pesci.

Infine, la **formazione e l'educazione** nel campo dell'idroponica stanno diventando sempre più accessibili grazie alla tecnologia. Piattaforme online, corsi di formazione e applicazioni mobili offrono risorse educative che possono aiutare i coltivatori a migliorare le loro competenze e a rimanere aggiornati sulle ultime innovazioni. Queste risorse educative possono essere particolarmente utili per i nuovi coltivatori che desiderano imparare le basi dell'idroponica e per i coltivatori esperti che cercano di migliorare le loro tecniche.

In conclusione, le innovazioni e le tecnologie future stanno trasformando l'idroponica in un metodo di coltivazione sempre più efficiente, produttivo e sostenibile. L'integrazione di AI e IoT, l'uso di droni, luci LED avanzate, biotecnologia, materiali sostenibili e formazione avanzata stanno aprendo nuove possibilità per i coltivatori. Con queste tecnologie, l'idroponica è destinata a diventare una componente chiave dell'agricoltura del futuro, offrendo soluzioni innovative per affrontare le sfide della sicurezza alimentare e della sostenibilità ambientale.

10.3 Consigli per una produzione commerciale

Passare dalla coltivazione domestica all'idroponica commerciale rappresenta un salto significativo che richiede pianificazione, risorse e competenze avanzate. Una produzione commerciale di successo può offrire raccolti abbondanti e di alta qualità, ma comporta anche sfide specifiche che devono essere affrontate con attenzione. Ecco alcuni consigli pratici per aiutarti a fare la transizione verso una produzione commerciale idroponica.

Pianificazione e Ricerca di Mercato: Prima di iniziare, è fondamentale condurre una ricerca di mercato approfondita. Identifica quali colture hanno una domanda elevata e possono essere vendute a un prezzo vantaggioso. Parla con potenziali acquirenti, come supermercati, ristoranti e mercati agricoli, per capire le loro esigenze e preferenze. Valuta anche la concorrenza nella tua area e cerca di identificare un vantaggio competitivo. La pianificazione accurata ti aiuterà a prendere decisioni informate e a ridurre i rischi associati alla produzione commerciale.

Scelta delle Colture: Scegliere le colture giuste è cruciale per il successo commerciale. Le piante a crescita rapida e ad alta resa, come lattughe, spinaci, erbe aromatiche e alcune varietà di pomodori e peperoni, sono generalmente ideali per l'idroponica commerciale. Considera anche la possibilità di coltivare varietà speciali o di nicchia che possono avere un valore di mercato più elevato. È importante bilanciare la diversità delle colture con la domanda del mercato e le capacità del tuo sistema idroponico.

Progettazione del Sistema: Un sistema idroponico commerciale richiede una progettazione accurata per massimizzare l'efficienza e la produttività. I sistemi modulari sono una scelta eccellente perché possono essere facilmente espansi man mano che la tua attività cresce. Assicurati di utilizzare materiali di alta qualità e componenti affidabili per garantire la longevità del sistema. Considera l'implementazione di sistemi verticali o a più livelli per ottimizzare l'uso dello spazio, soprattutto se stai coltivando in serra o in ambiente urbano.

Gestione delle Risorse: La gestione efficiente delle risorse è fondamentale per mantenere i costi operativi bassi e la produzione sostenibile. Investi in tecnologie avanzate per il monitoraggio e la regolazione automatica dei nutrienti, del pH e della temperatura. Sensori IoT e sistemi di automazione possono aiutarti a mantenere condizioni di crescita ottimali in tempo reale, riducendo gli sprechi e migliorando la resa. L'uso di luci LED a basso consumo energetico e di sistemi di irrigazione efficienti può ridurre ulteriormente i costi operativi.

Manutenzione e Monitoraggio: Un sistema idroponico commerciale richiede una manutenzione regolare e un monitoraggio costante per prevenire problemi e garantire la salute delle piante. Implementa un programma di manutenzione che includa la pulizia dei serbatoi, la verifica delle pompe e dei filtri, e il controllo delle luci e dei sistemi di aerazione. Utilizza software di gestione delle colture per tracciare i dati di crescita e per pianificare la rotazione delle colture e le operazioni di raccolta.

Sostenibilità e Certificazioni: La sostenibilità è diventata un fattore chiave nel settore agricolo. Adottare pratiche sostenibili non solo riduce l'impatto ambientale, ma può anche migliorare l'immagine del tuo marchio e attrarre clienti ecologicamente consapevoli. Considera l'uso di energia rinnovabile, come i pannelli solari, e sistemi di riciclo dell'acqua. Inoltre, ottenere certificazioni come il biologico o il GAP (Good Agricultural Practices) può aumentare la fiducia dei clienti e aprire nuove opportunità di mercato.

Marketing e Vendite: Una strategia di marketing efficace è essenziale per il successo commerciale. Crea un marchio forte e distintivo che comunichi i valori e la qualità dei tuoi prodotti. Utilizza i social media, il sito web e altre piattaforme digitali per promuovere il tuo marchio e interagire con i clienti. Partecipa a fiere agricole e mercati locali per aumentare la visibilità e costruire relazioni con i clienti. Offri tour della tua struttura per educare i clienti sulla tua tecnica di coltivazione e sui benefici dell'idroponica.

Formazione e Personale: Una produzione commerciale richiede un team di persone competenti e ben addestrate. Investi nella formazione continua del personale per garantire che tutti siano aggiornati sulle migliori pratiche di coltivazione, manutenzione e gestione. Crea manuali operativi e procedure standard per assicurare che tutte le operazioni vengano eseguite correttamente e in modo efficiente.

Gestione del Rischio: Infine, è importante sviluppare un piano di gestione del rischio per affrontare eventuali imprevisti. Assicurati contro eventi come disastri naturali, guasti alle attrezzature e interruzioni della catena di approvvigionamento. Crea un piano di emergenza per garantire che la produzione possa continuare senza interruzioni in caso di problemi.
In conclusione, la transizione a una produzione commerciale idroponica richiede una pianificazione dettagliata, risorse adeguate e competenze avanzate. Con un approccio strategico e l'uso delle tecnologie più avanzate, puoi creare un'operazione di successo che offre prodotti di alta qualità in modo sostenibile e redditizio. L'idroponica commerciale rappresenta una delle opportunità più promettenti per l'agricoltura del futuro, e con i giusti strumenti e strategie, puoi essere all'avanguardia di questa rivoluzione.

In questo capitolo, abbiamo esplorato le diverse opportunità e strategie per espandere e sviluppare il tuo sistema idroponico. Dall'ottimizzazione dello spazio e delle risorse all'adozione di tecnologie avanzate, ogni passo è stato pensato per migliorare l'efficienza e la produttività del tuo giardino idroponico.

Abbiamo visto come la pianificazione accurata e l'uso di attrezzature modulari possano facilitare l'espansione, mentre l'integrazione di innovazioni come l'intelligenza artificiale e l'Internet of Things può portare la tua coltivazione a un livello superiore.

Inoltre, abbiamo discusso le sfide e le opportunità della produzione commerciale, fornendo consigli pratici per navigare in questo settore dinamico. Con una visione chiara e gli strumenti giusti, sei ora pronto per affrontare le prossime fasi del tuo viaggio idroponico, trasformando la tua passione in un'attività prospera e sostenibile. Il futuro dell'idroponica è luminoso, e con dedizione e innovazione, potrai essere parte di questa entusiasmante evoluzione.

CONCLUSIONE

Nel corso di questo libro, abbiamo esplorato l'affascinante mondo dell'idroponica, una tecnica di coltivazione che sta rivoluzionando l'agricoltura moderna. Abbiamo iniziato con le basi, spiegando cosa sia l'idroponica e illustrando i suoi vantaggi rispetto ai metodi tradizionali. Dalla storia dell'idroponica ai principi fondamentali, abbiamo posto le fondamenta per comprendere questa tecnologia innovativa.

Passando ai principi della coltivazione idroponica, abbiamo approfondito le sei tecniche principali: Nutrient Film Technique (NFT), Deep Water Culture (DWC), Aeroponica, Ebb and Flow, Wick System e Drip System. Ogni tecnica offre vantaggi unici e può essere adattata a diverse esigenze e ambienti di coltivazione. Abbiamo discusso l'attrezzatura necessaria, dalle pompe e sistemi di irrigazione alle luci di coltivazione e ai supporti di crescita, fornendo una guida dettagliata per allestire un sistema idroponico efficace.

La preparazione delle soluzioni nutritive è stata un'altra area chiave del nostro viaggio. Abbiamo esplorato i nutrienti essenziali per le piante, come preparare e miscelare le soluzioni nutritive, e come regolare il pH e la conducibilità elettrica (EC) per garantire che le piante ricevano tutto ciò di cui hanno bisogno per crescere rigogliose.

La scelta delle piante per l'idroponica è stata trattata in dettaglio, con consigli su quali piante sono più adatte a questo tipo di coltivazione. Dalle verdure agli ortaggi, dalle erbe aromatiche alle piante da frutto, abbiamo fornito suggerimenti pratici per massimizzare la resa e la qualità del raccolto.

Abbiamo poi esplorato l'avvio di un sistema idroponico, dalla progettazione all'installazione, fino al controllo e monitoraggio iniziale. La manutenzione del sistema è stata trattata con attenzione, fornendo indicazioni su come monitorare le piante, controllare i nutrienti e il pH, e mantenere le attrezzature in condizioni ottimali.

Un capitolo fondamentale è stato dedicato ai problemi comuni e a come risolverli. Abbiamo discusso di problemi di nutrienti, pH, acqua e ossigeno, oltre a parassiti e malattie, offrendo soluzioni pratiche per affrontare e prevenire questi problemi.

Le innovazioni e le tecnologie future nell'idroponica, come l'integrazione dell'intelligenza artificiale, l'uso di droni e luci LED avanzate, rappresentano il futuro di questa tecnica di coltivazione. Queste innovazioni promettono di rendere l'idroponica ancora più efficiente e sostenibile.

Infine, abbiamo discusso l'espansione e lo sviluppo di un giardino idroponico, inclusi i consigli per una produzione commerciale. Abbiamo fornito una guida dettagliata su come pianificare e gestire un'operazione commerciale, dall'ottimizzazione delle risorse alla strategia di marketing.

In sintesi, l'idroponica offre una soluzione innovativa e sostenibile per affrontare le sfide della sicurezza alimentare e della produzione agricola. Questa tecnica consente di coltivare piante in modo efficiente, riducendo l'uso di acqua e nutrienti e minimizzando l'impatto ambientale. Con le giuste conoscenze e tecniche, chiunque può avviare un giardino idroponico e godere dei numerosi benefici che offre.

Spero che questo libro ti abbia fornito le informazioni e l'ispirazione necessarie per iniziare o migliorare il tuo percorso nell'idroponica. Che tu stia coltivando per passione, per migliorare l'autosufficienza alimentare della tua famiglia, o per avviare un'attività commerciale, l'idroponica offre infinite possibilità. Il futuro è luminoso per questa tecnologia, e con dedizione e innovazione, puoi essere parte di questa entusiasmante rivoluzione agricola. Buona coltivazione!

www.ingramcontent.com/pod-product-compliance
Lightning Source LLC
Chambersburg PA
CBHW071929210526
45479CB00002B/609